知识链

——基于知识的历史演进

高 琦 樊小西 张 兰 著

东北大学出版社

·沈 阳·

ⓒ 高 琦 樊小西 张 兰 2024

图书在版编目（CIP）数据

知识链：基于知识的历史演进 / 高琦，樊小西，张
兰著. -- 沈阳：东北大学出版社，2024. 11. -- ISBN
978-7-5517-3711-1

Ⅰ. G302

中国国家版本馆CIP数据核字第2025W6J671号

出 版 者：东北大学出版社
　　　　　地址：沈阳市和平区文化路三号巷11号
　　　　　邮编：110819
　　　　　电话：024-83683655（总编室）
　　　　　　　　024-83687331（营销部）
　　　　　网址：http://press.neu.edu.cn
印 刷 者：辽宁一诺广告印务有限公司
发 行 者：东北大学出版社
幅面尺寸：170 mm×240 mm
印　　张：6.5
字　　数：117千字
出版时间：2024年11月第1版
印刷时间：2024年11月第1次印刷
策划编辑：杨世剑
责任编辑：张　媛
责任校对：王　佳
封面设计：潘正一
责任出版：初　茗

ISBN 978-7-5517-3711-1　　　　　　　　定价：52.00元

前　言

　　我国著名经济学家林毅夫曾指出，我们需要新的经济学理论解释当前的社会经济发展变化，并应对未来的挑战。当前，世界的变化使得很多问题变得越来越不可控，一些矛盾也开始激化。现有的理论已不能很好地解释、解决这些实际的冲突和矛盾，因此，探索发展新的理论，并基于新的理论指导应对复杂问题，便尤为重要。

　　在该方向的研究上，很多学者都在做各种各样的尝试，并发展出众多的理论和工具。不过，正如大家所熟知的，经济学家之间总会出现各种各样的争论。这意味着很多经济学理论之间存在矛盾，但同时却又符合彼此的逻辑并被实践证明。那么，这一现象便引发一个值得深思的问题：在社会治理方面是否存在真理？如果存在，那么为什么会出现这么多无休止的争论？如果不存在，那么为什么社会发展总是呈现出极强的规律性？

　　为了解答这一疑惑，著者对社会历史的发展进程进行考察并发现，人类社会的发展总是存在一定的规律，而这种规律似乎一直未以人的意志为转移。但同时，人的努力却可以在一定程度上改变局部的历史发展进程，这说明人在社会发展中并非毫无作用。同时，当对历史的时间轴进行平移或缩放后，会发现很多的历史事件或发展规律存在奇迹般的重合：春秋战国时期的中国与古希腊时期的西方呈现很强的相似性，而欧洲文艺复兴的情形与五四运动的情形又相吻合。王朝的兴亡与经济周期几乎经历相同的阶段，而经济周期与企业的兴衰又似乎具有一定的联系。种种迹象表明，这些现象的发生一定遵循着某种规律，而掌握认知和调节这种规律的方法，我们便能够对众多的事情作出判断并朝着有利于自身的方向进行改变。

　　在作出"社会治理存在真理"这一论述的同时，我们必须回答为什么会出现众多争论的问题。著者认为，任何的理论能够被提出并被接受，一定是因为该理论拥有严谨的逻辑并能够解释很多现实问题。但理论之间之所以有矛盾，是因为任何理论都有其适用范围。这种论述在物理学中得到了很好的解释。例如，牛顿定律作为理论在经典力学范围中具有很强的适用性，但一旦物体的速度接近光速，那么牛顿定律便开始失效。同样地，经济学家基于其对实践的观察总结出的理论可能仅适用于其观察的实践范畴，但在另一个社会实践范畴内，便不那么适用。而这一范畴又恰好是另一个理论能够完美适配的。因而，如果能够将各类理论进行融合，同时弄清楚不同的理论的问题究竟出在哪里，那么或许我们将会与真理离得更近。

为了探寻这一系列问题的答案，本书提出了知识链理论，试图跳脱出传统的经济学角度，而是以知识链的发展作为社会治理的核心目的，以此为主线去分析社会发展规律，给出相应的解释，作出预测并提出调节方法。以知识链理论为方向并非临时起意，而是基于知识社会这一论断提出的。既然知识已经成为影响社会的重要因素，而且对社会发展的作用越来越凸显，那么，有没有可能以知识发展进程为主线进行决策，就能够合理地解释我们所遇到的各类问题呢？通过对人类历史的发展进程与知识演进历史进行对照，可以得到两个很有意思的发现：一是人类历史总是按照一定周期螺旋式上升的，而这个螺旋式上升的轴线极有可能便是知识的发展轨迹；二是知识的发展水平往往决定了一个文明阶段的辉煌程度，文明的衰败往往是从对知识发展的抑制开始的。通过这些发现可以预测，知识对社会发展的决定性作用历来就没有变过，只不过现代社会对知识的深度依赖使其对知识发展的变化越来越敏感了而已。那么进一步地，如果我们能够掌握并利用知识的发展规律，或许就能够避免陷入历史周期律的困局，从而永远处在发展的轨道上。

本书以上述假设为基础，对知识的结构与发展规律进行分析，进而提出了知识的链状结构，再通过围绕知识的链状结构进行演绎，逐渐形成了知识链理论。依据知识链理论，著者对一些发展现象进行了解释与预测，并给出了初步的知识链构建手段与评价方法，最后用一些案例对知识链的应用思路进行了阐述。

著　者

2024 年 8 月

目　录

第1章 易忽视的缺失：什么是知识？

当前，知识一词广泛出现在各个领域当中，知识经济、知识社会的概念普遍被人们所接受，知识产权的保护受到前所未有的重视，越来越多的知识付费项目出现。而与这种火热情况相对应的是，很多人并没有认真考虑过知识到底是什么。相较于其他有实物对应的名词，知识更像是一种基于人们共识的称呼，但这种共识却又是如此模糊，以至于出现众多对知识的不同定义，而这些定义从不同的角度来看似乎都有一定的道理。人们对知识的模糊性处理，使得对知识的定义出现了大量的真空，也进而导致出现很多从直觉上感到不合理但从逻辑上又似乎合理的现象：一些企业或团体打着知识付费的旗号，试图垄断人们已经约定俗成共同使用的品牌资源和技术；还有一些本应属于个人的知识权利却被无视，甚至成为了他人的权利，知识的创造者反倒变成了侵权者。种种现象表明，对知识本身的基础性研究的缺失，会从本质上导致基于知识的研究体系的不稳固，进而影响制度的构建、产业的创新和发展等实践领域，最终演化为激烈的矛盾冲突。

虽然现在大众对知识的认知具有概念性的模糊，但是学界对知识定义的研究已经持续了数千年。从哲学到工程领域，从整体定义到局部属性，古往今来的学者尝试着从不同的维度对知识进行描述和定义。在不断"产生新的理论—提出质疑—实践验证"的往复循环中，对知识本身的研究已经形成了一个庞大的体系，表面上人类越来越接近知识的本质，但是新产生的疑问和理论上的矛盾也让人怀疑：我们是否能真的寻得知识本质？也许知道得越多，会发现不懂得也就越多。这既是知识的一个固有属性，也是推动学者不断前仆后继研究的动力。对知识的研究史进行简单的梳理，有助于帮助我们更深刻地理解知识为何物。

1.1 哲学领域对知识的认知

1.1.1 西方古代哲学对知识本质的探索

对知识本性的探索从古希腊便开始了。泰阿泰德认为知识是"真的信念"，苏格拉底则认为人在先天就了解了客观世界的一部分基本法则，人首先要找寻内心中的这部分法则，再根据这部分法则对外部世界做出定义。但是，苏格拉底并没有阐述这些法则产生的原因，也没有对如何探寻这些法则做出研究。并且，苏格拉底认为内心先天存在的法则是品德，还把品德与知识等同起来。这在现在看来是不正确的。苏格拉底虽然对知识的本质进行了初步的探索，但这些探索既不系统，也有一定错误的认知。

学界认可的最早关于知识的定义来源于柏拉图。柏拉图将知识定义为"证明了的真信念"。该定义即传统的知识"三元定义"：（1）命题 P 是真的，（2）S 相信 P，（3）S 对 P 的信念是被确证了的。当三种条件同时得到满足时，才可认为 S 知道 P。

柏拉图对"知识、信念、真"这三者之间的关系进行了阐述。首先，信念是知识的必要条件，但信念不是知识的充分条件；知识一定是信念，但信念不一定都是知识。其次，只有主客观具备一致性的信念才能称之为真信念。最后，柏拉图提出了如何证实主客观具备一致性的条件。但是，证实主客观一致性这个问题让学界产生了巨大分歧，并争议至今。因为证实主客观一致性是一个复杂程度很高、综合性非常强的过程，最核心的争议在于缺乏对主客观一致性证实过程准确性的评价机制。缺乏一致性共识的结果就是对证实过程合法性怀疑的无限循环。后来齐硕姆对知识的"三元定义"进行了详细的研究和论述，试图探寻知识成立的充要条件，但最后以失败告终。

后来古代西方对哲学研究的学者大都认可知识的"三元定义"，但其本身在逻辑层面仍有不完善的地方。在知识的"三元定义"中，一个极小能导致信念不为真的可能性，都将使这个信念不能成为知识。而要排除任何导致信念不为真的可能性，则需要完备性证明，在绝大多数情况下，这是不可能成立的。因此，长久以来，在西方哲学体系中对知识本质的研究一直充满了怀疑主义。

在对知识本质的研究过程中，学界分化出了理性主义和经验主义两个对立的学派，理性主义的特征是认为知识是可以通过推演获取的，经验主义的特征是强调知识需要在特定的实践活动中通过归纳产生而获得。

我们可以从知识的"三元定义"中发现柏拉图属于理性主义者。柏拉图甚至认为由于实践归纳存在错误的可能性，人们不能获取真正意义上的知识，只有理性的分析才能获取真正的知识。亚里士多德则是典型的经验主义者，他否认了柏拉图的观点，认为理念既不能从物质的实体中分离，也不能脱离感官认识而存在，知识应该是从感官认识中形成的。在亚里士多德对知识本质的看法中，感官把握的不属于知识的范畴，只有上升到理智层面的把握，才能认为是知识。虽然在对知识本质的研究中所属派系不同，但是亚里士多德也在继承了柏拉图对知识定义的基础上，将对知识本质的探索做了更加系统的规划和清晰的定义。在此之后到中世纪之前，受当时知识体系发展的限制，哲学家对知识本质的研究都没有取得突破性的进展，但是知识的"三元定义"仍为后世对知识本质的研究提供了一个长期争论的话题。

1.1.2 西方现代哲学对知识本质的探索

现代西方哲学研究非常重视知识论，对知识本质的讨论成为哲学研究的主流方向。

笛卡儿提出的分析方法的构想，旨在用实验的方式去探寻客观世界、主观意志的知识基础。笛卡儿属于理性主义者，在他的研究中，获取知识的有效途径是理性的推演。笛卡儿的知识论属于主观知识论。在笛卡儿关于知识研究的这套理论体系中，"自我"是知识获取的必要条件。笛卡儿的知识论是建立在纯粹的理性基础上的，有一定的理论价值，但仍被学界质疑。

经验主义者洛克不赞成笛卡儿这一套对知识研究的理论。洛克认为，知识就是与客观事物所契合的主观观念。但是洛克同时认为，主观观念不能反映客观事物，主观观念只是思想的直接对象。在这种认识上，他将知识定义为"有关观念之间相契和相违的一种知觉"。基于洛克的这种定义，可认为知识的范围从属于观念的范围，并且小于观念的范围。因为人的感官是有限的，而观念的范围又从属于感官的范围，并且观念的范围小于感官的范围。因此，知识的范围小于人们有限感官的范围。洛克的这种认识也成为了唯心主义和不可知论的思想前提。

康德提出的"先天综合判断"理论是理性主义和经验主义的综合。康德认为，经验论、唯理论、唯物论、唯心论等理论均无法普适和正确地解释科学知识是如何构成的，因此，康德试图解决各个理论的片面性。康德认可经验是知识的基础，却不认可经验主义者对"经验是知识唯一来源"的判断。康德认为，只有结合理性主义中的逻辑思考和经验主义中的感官经验，并在其同时作用时，才能够产生知识。康德提出了一个观点：对于同样的信息接受，会因为接受者的不同而产生差异。这是因为主观意识会对客观信息进行选择和排序，为了主观意识能够理解客观信息，主观意识会创造或提供概念工具。这种将先天形式与后天经验结合所产生的科学知识，被康德称为"先天综合判断"。康德的研究还把哲学和科学进行了明确的区分，这对后世的知识论研究产生了重大影响。

罗素早期试图通过逻辑推演的方式来探寻知识本质的确定性，但在这个过程中，罗素发现结果又逃不开或然性。因此，罗素认为知识的本质就是一个充满了不确定性的答案，并且人类的全部知识都是不确定的、不精确的和片面的。

即便在对知识本质探究的过程中，哲学界的学者分成很多不同的流派，但主要还是建立在知识的"三元定义"基础上。艾耶尔将知识定义为：某人S知道命题P，当且仅当：（1）P是真的；（2）S确信P是真的；（3）S有权相信P是真的。艾耶尔这种定义与柏拉图的"三元定义"十分相似，他称定义中的三个条件是知识的充要条件。但和柏拉图的研究类似，艾耶尔的这种定义方法仍避免不了陷入怀疑的无穷循环。

盖梯尔则对知识的"三元定义"提出了质疑，并提出了著名的盖梯尔反例。其中一个例子：假设史密斯相信琼斯拥有一辆福特车，并且史密斯有足够的证据，他总是看见琼斯开着这辆福特车，还坐过琼斯开的这辆福特车。以此为基础可以构成下面的命题。（1）琼斯拥有一辆福特车。假设史密斯有一位叫布朗的朋友，并且史密斯也不知道布朗现在在哪里。史密斯于是就在地图上找了三个城市：波士顿、巴塞罗那、东京。加上命题（1），构成如下三个命题。（2）或者琼斯拥有一辆福特车，或者布朗在波士顿。（3）或者琼斯拥有一辆福特车，或者布朗在巴塞罗那。（4）或者琼斯拥有一辆福特车，或者布朗在东京。如果命题（1）为真，则通过逻辑或预算，基于命题（1）推倒出命题（2）（3）（4）都为真。也就是说，无论布朗现在的位置如何，都不会影响命题（2）（3）（4）。由此，史密斯可以有足够的理由甚至确信命题（2）（3）（4）为真。还有另外一种情况，福特车不属于琼斯，福特车可以是琼斯租来的，也可以是朋友长期借给他的，但是史密斯不知道。而布朗在巴塞罗那，则命题（4）为真。我们把命题（2）（3）（4）看作知识"三元定义"中的P，史密斯看作S，则"三元定义"产生了悖论。盖梯尔反例在学界引起了强烈的反响，在一定程度上，正是因为盖梯尔反例的出现，改变了学界对知识本质的研究方向，促进了将对知识本质的研究与其他学科的研究相结合，奠定了当代知识论发展的基础。

到了后现代，哲学家认为，后现代对知识的研究将科学和叙事完全隔离开来，对知识的研究通常局限在特定的领域之中。后现代不再将追求知识本质的大一统理论作为研究重心，而是通过概念创新，破坏知识大一统的概念体系，通过更多的在局限领域的研究，提出该领域的研究方法和概念策略。后现代的研究理念是为了更加追求预测偶然性，而不是为了探寻必然性。

1.1.3　我国哲学对知识的研究

在《周易》的一些文章中，认为知识是客观存在的，知识的获取是通过观察和思考建立对事物的认识并通过实践行为验证人们对事物认识的正确性这一过程中取得的，与客观存在相符合的认知就是知识。《周易》中的这类观点形成了中国古代知识论的雏形，并且影响了后续学者对知识的研究。

在儒家学派对知识的研究中，孔子对如何获取知识做了研究和论述。孔子认为获取知识的观点在于"学"，不仅需要通过实践与观察，更重要的是需要思考与归纳。孔子对知识的看法，在一定程度上延续了《周易》中关于知识的理念。在孟子的理论中，知识的基础是人已具备的客观信息和对这些客观信息的分析能力。知识的获取，是人收集和分析更多的客观信息。人们对客观信息的收集受其现有知识的影响，具有一定的主观性。而通过主观收集的信息，被归纳整理成为新的知识，并在人们的行为活动及实践中，反过来影响客观存在。荀子在前人的基础上，更进一步地笃定知识是客观存在的，不以任何人的想法而转移。获取知识的本质是通过人们的主观能动性，使主观认识与客观存在相一致的过程。荀子认为人们应当努力发现客观规律，认识客观规律，并遵循客观规律。荀子对知识的理解是相当积极的，对人们建立正确的主观认识、从事正确的客观实践活动有很好的指导意义。

道家学派对知识的研究中，其创始人老子认为世界有着普适的一般的规律，这种规律被老子称为"道"。老子做了很多关于如何追求或获取"道"的论述。如果把"道"理解为老子所理解的知识本质的一种形式，这些论述实际上指老子对如何获取知识的论述，但是老子的研究并没有把如何获取知识形成一个具有整体性的系统理论。庄子对知识本质的看法，在一定程度上继承了老子的思想，他认为知识在一定程度上是具有自生能力的，这是一个非常先进的理念。

墨家则认为人类是先天具备认知能力的，但是要成功获取知识，则需要三个条件：（1）在认知过程中的专心思考；（2）对认知对象的仔细观察；（3）对认知结果形成可表述的结论。与儒家与道家更接近本体知识论的思想有所不同，墨家对知识的研究更注重知识获取的过程，其认为知识不是经验，而是能够直指现象背后本质的概念或者理论，并且是可以流动的。

朱熹在诠释"格物致知"观点时很关注知识论问题。他认为知识能够解释万物的本质，知识既不是一个被架空的理论，也不属于观察实验的方法，而是独立的原理、结构、模式或者法则。朱熹对知识的研究中最重要的结论是：我们无法准确地定义知识的概念，但是能够运用知识帮助我们解决实际问题。王阳明反对朱熹的理论，认为朱熹过于注重客观而忽视主观。在王阳明对"知行合一"的阐述中，行为也是认知的一种体现形式，知识不仅作用于客观世界，也作用于个人主观内心。用现在的眼光来看，朱熹和王阳明的理论实际上是互补的。

1.2　现代科学对知识本质的进一步研究

1.2.1　知识管理领域对知识的认知

知识管理领域的学者对知识的定义大多来自古典哲学研究成果或受到其影响。如彼得·德鲁克在其《知识社会》一书中，就将知识定义为"对行动结果有效的信息"。这显然是与哲学中的实用主义学派思想一脉相承的。知识管理大师野中郁次郎则在其著作中继承了古典哲学的传统定义，将知识定义为"经过验证的真实的信念"。不过，与传统定义中将知识视为绝对的、静态的、非人性的不同，野中郁次郎认为知识是一个"动态的人际化过程"，因此更强调知识的"验证"而非"真实性"。从应用角度来看，绝对的"真实"难以把据，而"验证"则相对可行得多。最后，知识依赖于特定的情境，脱离了特定的情境，知识便有可能不再被"验证"，从而不再成为知识。此外，野中郁次郎还对知识和信息的区别进行了分析，认为"知识本质上与人的行为相关"。相较于彼得·德鲁克对知识定义的一笔带过，野中郁次郎深入考察了古典哲学对知识定义的研究成果，试图用日本本土哲学将传统知识定义下争论不休的各方进行融合，并取得了一定的突破，如其对知识的静态"真实性"向动态"验证性"的拓展，使得知识"适用范围"的概念呼之欲出。

此外，罗素·艾可夫提出了"从数据到智慧"的论述，之后发展成为当前最重要的关于知识定义的模型——DIKW模型。其中D、I、K、W分别指代：数据（data），信息（information），知识（knowledge），智慧（wisdom）。DIKW模型内容如图1.1所示。

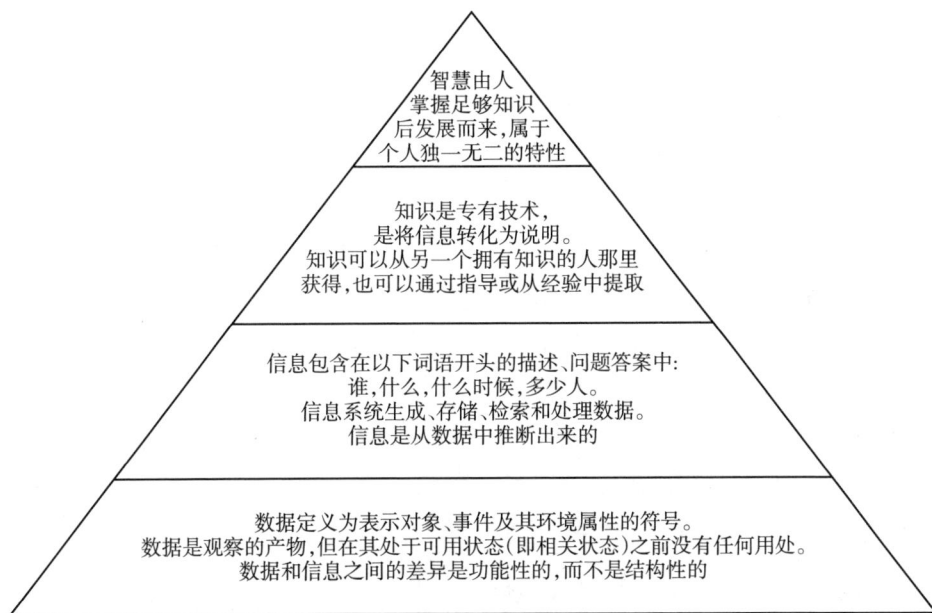

图1.1　DIKW模型内容

其他管理学者也从不同角度对知识进行了定义，但都没有脱离上述对知识的定义范畴。目前我国在《中华人民共和国国家标准·知识 第1部分：框架》（GB/T 23703.1—2009）等文件中提供的标准参考模型的基础上，对知识的相关内容进行了一定的规范。知识管理国家标准相关内容如表1.1所示。

表1.1 知识管理国家标准相关内容

标准名称	知识管理 第1部分：框架（GB/T 23703.1—2009）	知识管理 第2部分：术语（GB/T 23703.2—2010）	知识管理 第3部分：组织文化（GB/T 23703.3—2010）	知识管理 第4部分：知识活动（GB/T 23703.4—2010）	知识管理 第5部分：实施指南（GB/T 23703.5—2010）	知识管理 第6部分：评价（GB/T 23703.6—2010）
主要内容	规定了知识管理的基本框架和通用参考模型	规定了知识管理领域的常用术语、缩略语和词汇	给出了知识管理与组织文化间的关系，并提供了若干基于知识开展组织文化的方法与工具	规定了知识管理中六个主要知识活动的相关内容，为组织实施知识管理提供参考和依据	规定了知识管理的一般原则，以及项目实施过程中一般适用的实施过程和基本活动。包括几个方面：实施原则、实施准备、实施阶段、评估与改进、制度化	规定了对知识和知识管理评价的参考模型和方法，界定了知识资产的概念，并给出了评价方法的相关概念

野中郁次郎通过对企业知识的研究，提出了把企业知识划分为显性知识与隐性知识的方式。显性知识可以轻易地被描述，并通过规范化、统一化、系统化的语言进行流动，如学校的教学、企业的培训基本都是显性知识的传播。隐性知识则是关于信仰、直觉、思维模式等不易被描述、不可表达或者难以通过规范化、统一化、系统化进行传播的知识。

野中郁次郎和竹内弘高通过对企业知识管理方面的大量研究，对知识创新提出了独到的见解。野中郁次郎等人认为，在企业的创新过程中，隐性知识和显性知识是相互作用并相互转化的，而知识转化过程的本质是知识创造的过程。他们提出了SECI模型[①]，在该模型中知识的转化有四种模式：潜移默化、外部明示、汇总组合和内部升华。野中郁次郎等人还为SECI模型预制了一个基本前提，即个体知识的获取和创新不能脱离群体的存在，知识具有社会属性。因此，关于隐性知识与显性知识相互转化SECI模型的社会化、外在化、组合化、内隐化过程，完成一次螺旋上升的每个阶段都有一个"场"存在。对应于知识转化四个过程阶段的"场"，分别为"创始场、对话场、系统化场、

[①] SECI模型是一个动态的知识创造和转化过程，通过隐性知识和显性知识之间的相互作用，不断推动新知识的产生和组织的发展。它强调个体与组织之间的互动，以及知识在不同层次上的共享和应用。其中S、E、C、I分别指代：社会化（socialization）、外在化(externalization)、组合化(combination)、内隐化(internalization)。

练习场"。

在SECI模型中，第一种模式是隐性知识向隐性知识转化的潜移默化模式。该种模式中，个体在群体中由于共同的经历而建立隐性知识。在这个过程中，隐性知识的获取主要是通过观察、模仿和实践来实现的。例如，工厂里师傅带徒弟的模式，徒弟通过在群体活动中对师傅的观察、模仿和实践，从而获得属于自身个体的隐性知识。这种模式对应的"场"为创始场，是知识创造过程的起点。

第二种模式是隐性知识向显性知识转化的外部明示模式。该模式是一个将隐性知识通过各种显性化的手段（例如，通过比喻、类比、提出新概念和模型、进行可视化处理等手段），将原本不能被表述和传播的隐性知识转化为明确具体的形式，从而进行表述和传播。这个过程是知识创造的重要环节。将隐性知识显性化的过程中，需要以下两个要素的支撑：（1）表达的载体，包括语言、文字、图片、视频及其他可视化技术的支撑；（2）表达的技术，语言、文字、图片、视频及其他可视化技术需要以被表达的对象能够理解的方式进行。

第三种模式是显性知识与显性知识进行的汇总组合模式。该模式是将现阶段离散的知识进行总结与融合，形成规范化、系统化、体系化的显性知识。例如，集合企业资料等已经显性化的知识元素，再进行分类整理。在这种模式下，收集、分类既有知识，有不同的现有知识组合形式，能产生新的知识，也能够激发其他新知识的产生。

第四种模式是显性知识到隐性知识转化的内部升华模式。在这一模式下，群体活动中个体获得显性知识，并对这些显性知识进行吸收、创新和升华，形成个体的隐性知识。这种模式对应的"场"为练习场，代表知识的内化阶段。

以上四种知识转化呈现的模式实际上是一个整体系统。在群体组织的知识创造过程中，各个模式均是不可分割的必要环节。从整体来看，个体的隐性知识通过群体活动进行共享，在群体内的其他个体中得到传播，促进了群体中其他个体知识的吸收和升华。每个个体在群体中相互影响和促进，使群体整体的知识得到创造和升华。知识转化模型如图1.2所示。

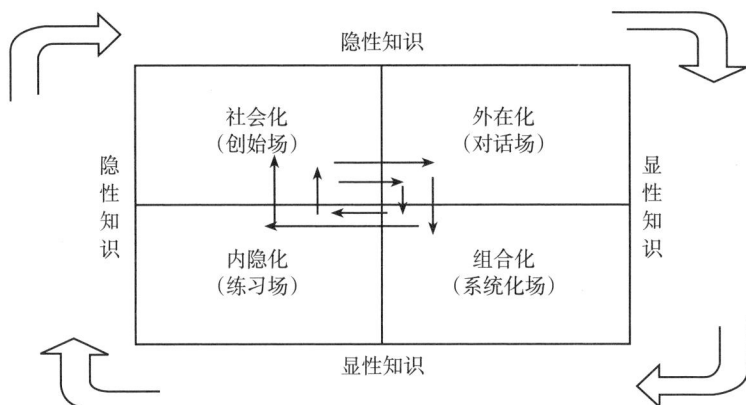

图1.2　知识转化模型

当代的知识管理领域研究更多是为了解决实际问题，在此背景下，学界普遍将知识定义为人类在实践活动中的认知，包括对客观世界进行改造过程中所获得的认知和积累经验的总和。同时，对知识定义了共享性、隐含性、增值性、资源性四个特性。这些特性认为知识与物质、能量不同，具有非消耗性，通过互动可以增加知识。知识是作为认识主体的人知道和了解的事情，对于知识的理解是个人的、特殊的、难以充分交流的。知识在生产、传播和使用过程中有不断被丰富、被充实的可能性，知识的增值作用远远大于传统资本。知识、物质和能量是构成人类社会的三大要素。如今知识在经济发展中所占的比重与创造的价值呈上升趋势。此外，研究者通过多个维度的细分研究，进一步对知识的本质进行了探究。包括如下观点：

知识资源，主要指组织进行知识管理的核心对象。在组织的核心目的下，进行知识资源的鉴别，以此分析组织内部的知识现状和进行对知识需求的未来预期。在一般的实体企业知识管理工程中，知识资源从知识类型、知识域及知识表达三个角度进行分析。

知识类型，在知识管理领域，知识被分为事实知识、原理知识、技能知识和人际知识。事实知识代表对客观事实的认识，原理知识代表同时包含了自然科学和人文科学的科学原理和法则，技能知识代表了实践的能力的知识，人际知识代表了对其他个体知识能力的正确判定。

知识表达，主要是参考野中郁次郎等人提出的显性知识和隐性知识的概念。当代知识管理领域认为，隐性知识的总量远远大于显性知识，即"冰川理论"；隐性知识比显性知识更加完善，且更能创造价值；隐性知识更难发觉，但却是社会财富的主要来源。因此，对于个体和群体的发展，隐性知识发掘和利用的能力更加重要。

知识域，对于群体来说，根据知识的来源，可以将知识分为组织内部知识和外部知识。内部知识保证了群体组织的正常运行，外部知识则推动群体的发展。

以上述研究结果为基础，可绘制知识资源晶体，如图1.3所示。

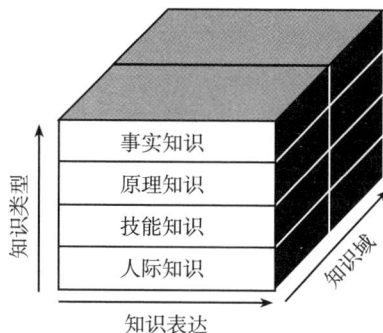

图1.3　知识资源晶体

1.2.2　知识工程领域对知识的认知

1.2.2.1　知识工程的发展和概述

知识工程是在知识管理的研究基础上进行的延展和进一步研究。在知识管理的基础上，要跟相关业务做好对应的业务场景。例如，按照生命周期的工程节点，完成对应内容的整合落地；可以延伸出专家和相关的专业知识论坛及对应的知识专题等。

知识工程的概念是1977年费根鲍姆在第五届国际人工智能会议上提出的。知识工程初期的主要研究内容和对象是专家系统，该系统通过特定方法将行业领域内专家的知识进行收集，并存储于程序之中，利用程序模拟人类的思维（推理＋搜索）过程，以图解决行业内的专业问题。专家系统是人工智能发展前期阶段的一个主要研究方向，也是一种利用程序去试图模拟人类在某些特定领域内的思维的尝试。专家系统的核心在于知识表示、知识获取及推理机制。

知识表示是指知识的类别、知识的组织结构与表现形式及知识在计算机中的存储形式。知识表示直接关乎知识的获取及推理机制。知识获取是指如何从领域专家或其他来源去获取和整理知识，获取的内容要全面但不能冗余，而且要准确，这是一个难题。至于推理机制，也不是那么容易理解，因为人类对于自身思维方面的认知一直在更新。要把人类的思维都弄明白，目前看还是不可能的，现在我们只是归纳总结了一些推理方法，然后用程序代码表示出来。21世纪初期，互联网技术的突破性发展，使得数据的数量呈现出爆发式的增长，传统的专家系统模式无法应对以极快速度增长的数据数量，此时的专家系统的思路已经不适合用于人工智能发展的现状了。

2012年，谷歌提出了知识图谱技术，不过与知识图谱相关的一些技术研究基本都是前几十年技术的延续，而不是革新。知识图谱主要在知识表示方面有了一些比较重大的改变，主要的变化在于更利于海量数据的知识图谱的构建，以及更加利于自动化方法构建，而不是主要依赖人工构建。传统的专家系统中的知识库的数据量一般在数万或数十万条左右，一些经过几十年积累的知识库也就几千万条的数据量。但是现在比较知名的知识图谱的数据量都在数十亿到数百亿条的级量上。知识图谱中使用的自动化构建主要是指一些机器学习算法、自然语言处理等方面的内容。例如，在知识获取方面，主要有三个来源：数十年积累下来的各种结构内容良好的知识库（类似维基百科）、互联网上半结构化的数据，以及其他各种来源的无结构数据。需要使用机器学习算法从各种渠道将这些数据获取下来。例如，在知识加工方面，由于是通过程序自动获取的数据，那么就需要对数据的内容进行处理，包括提取本体、实体、事件来构建本体库、实体库、事件库等，还需要对内容进行匹配、链接、去冗余、融合，以及在知识库中使用推理机制进行内部构建，利用原有的知识发现新的知识等。

在知识应用方面，从传统的专家系统注重逻辑推理，转向了注重事实知识的检索，知识图谱更多地下沉到人工智能领域的基础设施中，提供基础的结构化知识，比如基于知识图谱可以构建智能搜索、智能问答、对话机器人等应用，而不是像专家系统那样作为一个独立的应用出现。未来知识图谱的发展还面临很多挑战，也有很多可能性。例如，上面提到的事件库，是刚兴起不久的研究方向，也是一个极困难的研究方向，不过很有研究价值。现在的知识工程及以后的发展应该如同知识库的存在一样，作为整个人工智能的基础设施存在，提供知识及学习知识的能力及思维能力。

1.2.2.2 知识管理与知识工程的对比

在知识管理领域，研究的主要对象是知识转化和知识序化。学者认为，在对知识转化研究的过程中知识共享是知识转化的基础，知识转化是在知识共享发生的过程中伴随发生的。知识转化的方向沿用了SECI中知识转化的四个方向，包括隐性知识到隐性知识的转化、隐性知识到显性知识的转化、显性知识到显性知识的转化和显性知识到隐性知识的转化。而知识管理领域中的知识的组织形式是知识序化，如对知识进行分类、检索、排序等。知识组织可以通过检索语言中的结构模式进行。但是这种知识序化的方法存在一定的局限性，在对知识进行序化的过程中，知识的标记符号不能完整地反映知识本体所蕴含的内容。目前，知识管理在数据挖掘、资料归集等功能的实现方面面临不小的困难。

现阶段，学界更多地将知识工程视作人工智能研究的一个分支方向，主要是通过工程化的理念，利用人工智能领域相关的方法与技术，将知识作为其主要处理对象。知识工程的过程包括知识的获取、知识的验证、知识的表示、知识的推论、知识的解释和理由。

在知识工程领域，知识获取的最终本体为计算机，但知识获取的来源对象可以是人类、其他计算机或者其他信息收集设备。知识的获取包括人工录入、知识抽取和自动学习三种途径。在目前的技术水平下，知识抽取是知识工程领域知识获取的最高效的方式。知识的验证指的是知识被验证，直到确定被验证的知识对象的结果或者质量达到使用要求。知识的表示指知识作为对象被组织的过程。知识的推论是指通过软件的设计使电脑做出基于知识的推论，同时该推论的结果能够面向非专业的用户提供建议。知识的解释和理由指设计和编程的解释功能。

从对象上来讲，知识管理更加注重人类之间的知识流动，而知识工程的研究对象更多是知识本身。同样作为知识库的建立，知识管理领域面向的对象为人，而知识工程面向的对象为计算机。由此，我们可以将研究的本体作为区分知识管理和知识工程的关键指标：知识管理领域研究的本体是人，而知识工程领域研究的本体是计算机。

知识管理应当以隐性知识显性化、无序知识有序化、泛化知识本体化为目标。知识工程，旨在建立面向对象知识库和逻辑命题知识库，以最贴近自然的方式来描述自然界的事物，以人们可认知、计算机可理解的方式描述事物之间的规律，以便能够有效地解决信息泛滥、信息爆炸等问题，可以对重复的信息进行滤重、筛选，得到最能反映事物本质及自然规律的清晰有序的知识。韩客松等①认为知识发现是知识管理的最高层次：初级阶段是知识库（你知道你有什么），中级阶段是知识共享（你知道你没有什么），高级阶段是知识发现（你不知道你有什么）。

知识工程也在向着知识表达清晰化、数据组织有序化、内容存储本体化的方向发展，自然语言处理的新进展、面向对象方法的成熟应用，特别是本体论思想的引入，为知识工程的发展指明了方向，为知识工程的实施注入了新的活力。知识表示的方式已经比较成熟，能够覆盖绝大多数知识类型。知识工程的关键仍是知识获取，非自动知识获取太慢，很难满足工程化需要；全自动知识获取又太难，在自然语言处理无法取得重大突破以前，也很难进行工程化实施。因此，半自动知识获取的方式具有更强的可操作性，构建部分知识库与学习规则，然后分析语料库，边分析边抽取，然后改进规则，不断改进算法与丰富知识库。

1.2.3 知识计量领域对知识的认知

知识计量的系统性理论设想由刘则渊在1998年北京举办的"科研评价暨科学计量学与情报计量学国际研讨会"上率先提出，之后，在20多年的时间里，学者们不断从各个方向对知识计量理论进行延伸和拓展，逐步充实了该理论体系下的研究内容。邱均平等②在《知识计量学》一书中，将知识计量定义为对知识载体、知识内容、知识活动及其载体进行测量，并根据学科层次、学科结构和计量内容三个维度将知识计量划分为广义和狭义知识计量、显性和隐形知识计量及宏观和微观知识计量。同时，其著作详细地介绍了当前各类主流的知识计量内容和手段，在此不再赘述。

知识计量学提出和发展的主要驱动因素在于知识经济时代的到来。知识计量的意义源于人们对知识价值的普遍认同及知识对社会发展的重要影响，而知识计量的根本目的也在于寻找可靠有效的知识测度指标，挖掘知识发展的内在规律，探索并准确把握知识发展与社会发展的映射关系，从而为社会发展决策提供理论和数据依据。

---

① 韩客松，王永成，沈洲，等.三个层面的中文文本主题自动提取研究［J］.中文信息学报，2001（4）：20-27.

② 邱均平，文庭孝，宋艳辉.知识计量学［M］.北京：科学出版社，2014.

知识的特点要求知识计量方法也具有与之相应的特点，知识计量应该分为知识的发现和知识的测度两个方面。因为知识可以通过人类的活动体系传播，也能够隐含在海量的信息之中，所以知识具有比信息更高的抽象性，这使知识的发现变得尤其困难。学者通过研究，提出了一系列知识发现的方法，包括数据挖掘技术、专家法等。但是，现有的方法在实际使用中被证实了要么不具备普适性，要么不具备可操作性。目前，学者对使用何种方法进行知识的发现仍未达成共识。近几年学界对知识的测度研究非常火热，普遍认为：为了达到对知识进行有效测度的目的，需要结合使用多种方法，其中包括被测度对象方面的专业领域知识、数学知识和计算机知识等。这对知识测度人员提出很高的知识储备要求。

在对知识计量的研究中，必须包含对知识的结构进行研究，其中知识元理论与知识的链状结构学说与本书内容比较贴合，下面予以介绍。

1.2.3.1　知识元理论

知识元有很多种叫法，如知识元素、知识单元、知识因子、知识节点、知识基因等。知识元最早可追溯到赵红州提出的"知识单元"的概念，后经众多学者的不断发展，目前已被国内外知识分析、知识计量领域的学者所普遍接受。在知识元的定义方面，一般认为知识元是知识的最小粒子，所有的知识都可由知识元通过一系列排列组合所构成，知识的创新也是知识元游离与重组的结果。知识元的这种知识粒子的排列组合理论能够从更加微观的角度解释知识创新的本质，在实践上，知识图谱的快速发展似乎也是该理论的有力支撑。不过，知识元理论同样面临着很多问题：一是与知识链相似的，其解释意义也远大于指导意义；二是知识元不仅不能给出清晰的最小单元的界定，甚至不能解释知识的本质；三是知识图谱本质上是对象—关系的网络，对象与知识元不能被视为等同，知识图谱的成功不能视为知识元网络的成功。事实上，众多学者在对知识元的研究过程中，都更加强调知识内部各元素的相互链接。李伯文在其知识基因理论中指出，知识基因（知识元）是科学概念（科学概念不等同于知识），不能被直接使用，只有将其有机地结合在一起，形成"知识DNA"，才有实际运用的价值。从知识形成的角度来看，某知识如同数学中的结论必然依托于推导过程一样，是有前置条件的。例如，牛顿定律能被人所接受，必然是通过大量的实验验证的。人们接受的并不仅是牛顿定律本身，更多的是将其理论解释下的种种案例和现象的成立作为支撑。这种现实的支撑使得其在爱因斯坦的相对论出现之后，依然具有旺盛的生命力。而相对论的诞生，也离不开牛顿定律的孕育。这种公理支撑着公理、定理孕育着定理的现象在数学界普遍存在。因此，当将某知识元与其他知识元进行重组时，实质上是将支撑该知识元存在的一系列知识或知识活动一并与其他知识元进行了重组。

1.2.3.2　知识粒子概念的误区与知识的链状结构

现有的知识粒子概念存在两个误区，使得其专注于对"对象"的关注而忽略了对"链"的研究。一是模糊了对知识的定义，将对象与知识进行了混同。对知识的定义目前比较流行的是数据—信息—知识的阐述，即知识是通过信息提炼出的规律。这使得知识与一般的对象存在很大差异：知识需要被证明，而对象不需要。因而，将知识与一般对象混同会对知识的复杂性产生误解，从而简化了对知识元的定义。二是知识粒子概念以上帝视角俯瞰了知识全貌，这种二维化的知识视角将所有知识视为静态的点，忽略了知识发展的第三个维度：知识是现象的总结和提炼，它诞生于既有知识对新未知问题的探索，故知识能够被称为知识，必然拥有使其成立的链条。

知识的链状结构以立体的视角对当前知识元相关研究进行了区分和整合。首先，对知识元的各种定义需要划分为两个看似相同实则完全不同的两个类别：其一认为知识元是知识，其二认为知识元是科学概念，而科学概念与知识是不等同的，将两个混同起来虽然能够拓宽其解释面，但也使其更加模糊且难以理解，因此造成上文所述的各种问题。知识的链状结构认为，对知识元的定义应该更加立体：在俯视视角上，知识元应该属于知识的范畴，知识链由一系列知识元有序链接而成，知识的创新本质上是新知识链路的形成和既有知识链的向前延伸；在侧视视角上，知识元则不属于知识的范畴，而是作为支撑某知识成立的最基础单元存在，这种最基础单元往往是某个现象、某个概念或是某条信息。这种立体结构使得大量的知识具有多重身份：当其作为俯视知识链中的某个环节时，其可被视为知识元；而当其作为支撑某知识成立的下级知识时，则不能被视为知识元。

第2章 探究知识的本质为何如此重要？

2.1 李约瑟问题的答案

李约瑟在其《中国科学技术史》中曾提出一个著名的问题：为何在公元前1世纪到公元16世纪，古代中国人在科学和技术方面的发达程度远远超过同时期的欧洲，但近代科学却没有产生在中国，而是出现在了17世纪的西方？与李约瑟问题相似的，还有"韦伯疑问""钱学森之问"等。回答了李约瑟问题，可能就解开了国家和地区强盛与衰退的密码，因此引得众多学者展开广泛的讨论和深刻的研究；但它又是如此复杂，以至于即使在众多泰斗级学者的参与下，对于该问题的答案却至今仍未形成共识。

早在明朝时期，就不乏国内外学者从不同角度展开过与李约瑟问题相似的研究。徐光启在其译著《几何原本》中指出："唐、虞之世，羲、和治历非度数不为功……汉以来多任意揣摩，至于今而此道尽废。"虽然其言辞有夸大的成分，但他指出古代中国社会主流思潮重经验而轻研究的现象，却是不争的事实。同时代的各西方传教士，也纷纷指出中国科学的落后问题。近代学者任鸿隽等也持与此相近的观点。李约瑟、林毅夫等在各自著作中，也认为缺乏现代科学研究方法是导致近代中国落后于西方的直接原因。不过，共识也仅仅止步于此，在进一步的研究中，学者们的观点开始分化，开始从文化、制度、地缘、人口、经济等各个方面试图解答李约瑟问题。著者将一些主流的观点总结如下。

2.1.1 文化意识形态决定论

这类观点试图从意识形态出发，通过东西方思维模式的差异来解释李约瑟问题。持该观点的学者认为，中国受儒家思想影响，重经书而轻技术，使得历史上从事技术的人员被认为是"三教九流""奇技淫巧",技术人员的地位低下,技术的革新往往不受重视。同时,中国人的思维多是从经验出发,强调"熟能生巧",缺乏对理论的提炼和研究,使得技术的进步难以形成一般性理论。最后,中国人对自然的认知多为对现象的感知和顺应,强调的是"天人合一",缺乏理性的分析和逻辑的推理,故而不能形成系统的科学体系。相反,西方自古希腊时期以来就注重分析和推理。西方人对科学的研究具有浓厚的兴趣,且具有极强的冒险和探索精神,众多学者甚至为了真理甘愿献出生命。西方学者对事物保持着高度的好奇心,喜欢深入研究未知的现象。这些都是工业革命发生在西方而非中国的原因。

该观点虽然有一些道理,但存在众多的漏洞。首先,该观点过于注重解释近代西方领先于中国的原因,却忽视了我国古代科学技术长期领先于西方的事实。如果从希腊时代开始西方的文化便优于中国文化,那么为什么直到明代开始西方科技才逐渐领先中国?其次,该观点在对中西方文化的对比中带有很多主观的偏见,将中国科技历史中的负面表现刻意放大而忽略了其整体的贡献,却又过分强调西方科技史上的一些个别正面现象而忽视其负面背景。例如,人们常通过举无理数的例子来说明西方对科学的探索精神,却不知最早给出无理数计算方法的著作是《九章算术》,这比戴德金定义无理数的时间早了1500多年;赞颂提出日心说的哥白尼,却不提中世纪教会对学者的普遍打压与思想禁锢。最后,持该观点的人显然在进行中外科技史的对比时陷入了误区,将古希腊文明与欧洲文艺复兴直接缝合后与中国的科技发展史进行比较,而忽略了罗马和伊斯兰世界在其中的重要过渡。事实上,科技的发展史表明,西方的思维模式也并非与中国的思维模式泾渭分明,而是有着惊人的相似。所谓古希腊辉煌的自然哲学,充其量也只是与战国时期的百家思想平分秋色而已。而西方之所以发生科技革命,也恰恰是因为其基于实用需求而非所谓兴趣爱好。针对这一结论,我们会在之后详细论述。

2.1.2　中央集权与制度决定论

这类观点又可以分为好几个不同的视角,如集权统治者对异说的扼杀,中国古代重农抑商的等级制度,科举制度的特殊评价与激励机制,等等。

集权论认为,集权的统治者为了维护自身的统治,往往会遏制其他学说的发展,比较明显的例子有秦始皇的焚书坑儒及西方教会对科学的打压等。同时，西方发生科技革命的时期正是教会势力逐渐衰落的时期，这也从另一个角度对该观点进行了验证。

制度论认为，古代封建官僚的社会制度对科技的发展形成了遏制。掌握权力的官员更偏重于对人文社会方面知识的研究和人才的选拔，以便于其对所辖地区进行管理或获得提拔，整体社会更赞赏能维持社会稳定的官员和农民，而对手工业者与商人很不友好。此外，封建制度多等级森严，严重地束缚了人们的思想。这种观点也有众多事实的佐证，其中最为明显的当属中世纪科技发展的几近停滞。

科举制度等激励机制决定论者认为，科举考试制度使大量有才华的人选择研读经书而非探索科技，数十年的皓首穷经透支了最有头脑的一部分人的时间和精力，使其再无法投入到对科学的探究中。这种观点同样具有道理，而且很好地契合了中国古代科技逐渐落后于西方的时间线。且中国的科举考试制度正好与当时西方的赐官制形成反差，这也为科举考试激励论增添了一份可信度。但遗憾的是，这些论断依然存在诸多问题，也无法很好地解释中国与西方科技变迁的深层次原因，更不能对未来进行很好的指导。首先，中国自秦朝开始便逐渐进入了中央集权时期，但科技逐渐落后却是到宋朝以后才逐渐发生的事情。而且在这段时间，中国的科技也并未有什么明显的衰退，即使到最被人们所诟病的明清时代，中国的科技依然是在发展的。同样地，被称为"黑暗时代"的西方中世纪，在教会的严苛打压下，西方科技同样在不断积累，并成为后期文艺复兴的基础。同样的问题也适用于制度决定论，更进一步地，通过历史分析可以发现，中世纪末期教会势力的衰退，一部分原因正是因为自然科学的崛起。如此一来，制度与科技之间的因果关系便更难说清楚到底是谁决定了谁。

而对于科举考试激励论，必须从两个方面看待，第一是科举考试的形式，第二是科举考试的内容。从形式上来看，如果是科举考试的形式制约了科技的发展，那便无法解释西方为何在19世纪后期选择采用公务员制度，因为这类制度正是引自中国的科举制度。同样的形式，发生在中国就是落后，发生在西方就算先进，这显然是很滑稽的，而且从该制度的演化来看，科举制度显然是比以前的"举孝廉"或西方的"赐官制"要更加先进。因此，科举考试激励论所应关注的，便是考试的内容。那么按照此思路，我们便自然而然地引出一个更加复杂的问题：我们应该设置什么样的考核内容和评价机制来准确地选拔出人才？这个问题非常复杂，科举考试激励论者并未给出切实的答案，需要我们在后续的内容中进行分析。

2.1.3 地理环境影响论

这类观点认为，世界科技的发展是由其地理位置决定的。因为不同文明所处的地理位置不同，其所在的区域也会存在各种环境差异，进而引导科技向不同的方向发展。例如，地处尼罗河流域的古埃及文明，发展出了辉煌的医学与工程技术，但却由于环境的过分优越，致使其迟迟未能发展出铁器技术，最终被外部文明所灭。古代中国地大物博，但四面被严寒、沙漠、高山与大海环绕，使得人们认为该地为世界中心，不愿意再向外探索。而欧洲海岸线犬牙交错，导致大量小国的形成，进而冲突不断，迫使人们向外探索，使得科技不断发展。

该观点从客观条件出发对古代世界科技史发展进行了解释，较好地契合了古代科技发展中一些宏观与微观的特性，但地理环境并非决定科技发展的唯一因素，外部文明所施加的影响也同样重要。例如，埃及的灭亡带来了文明的融合，旷日持久的十字军战争为欧洲带去了文明的火种，使得其终于能够积蓄自然科学的力量与教会分庭抗礼。除了战争，文明之间平时的互相交流也为彼此带来更多先进的思想，促进了双方的共同发展，如中国的火药深刻地影响了西方，而西方先进的科技反过来也影响着中国。这种相互之间的影响显然不在地理环境的解释范畴，但从文明的内生科技的角度来看，从地理环境的角度出发进行探索不失为一种很好的方向。

2.1.3.1 高水平均衡陷阱

这类观点认为，中国的人地比例决定了中国人发展农业技术相较于工业技术有更高的收益，使得中国的农业技术一直以来都远远领先于欧洲。但是，由于人口随着农业剩余的增加而增长，其技术发展的收益便一再地被增长的人口所吞噬，使得中国技术的发展最终维持了大量的人口，却无法再有剩余来发展工业。由于工业发展受到资源瓶颈的限制，当时中国形成了一个高农业技术水平、高人口增长规模却低工业发展水平的状态。通过利用模型分析，该观点给出了中国和西方技术发展选择的一种解释，也符合中国和西方国家在工业革命时期的历史状态。但该模型无法完全契合古代中国和西方国家科技发展的历史进程。在元代，中国幅员辽阔，人口在连年的战争中锐减，但科技革命却依然没有发生，反而是被称为"黑暗时代"的中世纪欧洲，开始通过大量引进翻译希腊文献积累起对抗教会的力量，从而在短短的几百年内从科技的边缘一跃成为最先进的文明。

2.1.3.2 经济发展决定论

这类观点主要从影响地区经济发展的角度入手，通过考察资本的积累、分工的深化及市场发展方向与规模来解释科技进步的原因。按照亚当·斯密的理论，分工的出现带来效率的极大提升，促进了资本的快速积累，而工作的专业化自然也加快了技术进步的速度。在西方工业革命发生时，快速的殖民扩张带来了庞大的市场，推动了社会分工的发展，进而不断推动技术进步的发生。而在明清时期的中国，继续延续着传统的社会治理模式，市场并没有多么快速地扩张，市场分工也无法得到较快发展，使得科技进步乏力，最终导致落后。还有一种比较经济增长假说认为，双方社会形态、思想理念的差异导致西方的劳动力更易转化为资本，这使得西方能够实现快速地资本积累进而发生工业革命。这类观点对工业革命发生在西方而不是在中国的原因作出了比较好的解释，而且通过建立模型分析，得出的结果也更为可信。但不足之处在于其对古代中国一直领先于西方的原因并未过多地涉及，这也使得该观点的适用范围存在局限，不能从根本上解答李约瑟问题。

以上的各类观点从不同的角度对李约瑟问题进行了阐述，虽然均取得了一定的成果，且各种观点都可以从历史中找出足够多的案例以验证其说法的有效性，但无法完备地解释数千年来科学技术呈现如此发展脉络的真正原因。针对各种理论，我们总能举出各式各样的反例，或是通过进一步的追问来质疑其准确性和完备性。这种情况使我们有理由相信目前的各类研究更像是在"盲人摸象"，虽然发现了问题的大量的局部，却总也无法将其拼凑成系统的整体。究其原因，在于当前的研究没有找到决定世界科技发展的规律主线，自然也就无法从这一主线出发，有针对性地丰富相关内容。因此，想要完整地回答李约瑟问题，必须从科技发展的核心支撑——知识的本质进行研究。通过分析知识的本质与特性，总结知识的历史演进脉络，我们便可以揭示知识的发展规律。基于知识的发展规律，便可以从制约知识发展的因素出发，考察中西方所处的社会历史阶段和其所构建的体系，进而发现人类社会的兴衰规律。如此一来，我们便可以完整地回答李约瑟问题，也可以利用该答案，预测当前人类社会的未来走向，进而为社会生产实践提供理论指导。

2.2 解开经济周期困局的一把钥匙

17世纪初，法国劳氏公司的创始人约翰·劳开启了一项名为"密西西比计划"的项目，凭借密西西比河流域、路易斯安纳州、中国、东印度群岛及南美的贸易特许权、国家税收与造币权、烟草专卖权等大量发行股票向市场募资。[①]以当时的股票市场价值估算，投资股票的收益率最高可达200%。在巨大利益的驱使下，市场对该股票呈现出极大的热情，成群结队的人抢着购买劳氏公司的股票，股票价格不断走高。在这种热情推动下，4年前被债务缠身陷入深深绝望的法国竟然在短短四年就成为了经济最热的地区，各种奢侈品价格不断上涨，首都巴黎的人口快速增加，一个个"百万富翁"出现，市场呈现一片繁荣。但这种繁荣只存续了仅仅2年左右。随着人们意识到金属货币正在不断减少，越来越多的人开始要求将手中的纸币兑换成金属货币，这导致了约翰·劳的私人银行与公司出现信用危机，随之而来的便是股票的暴跌和挤兑。为了挽救危机，约翰·劳宣称将征召6000多人到美洲挖黄金，但实际上这不过是又一个动听的故事而已。在危机的后期，法国政府只能动用边防和军警来阻止外逃的资本，强行将危机向公众转嫁，导致数十人丧生，成千上万的人破产。[②]与密西西比危机同一时期发生的还有英国的"南海泡沫"。其所经历的过程几乎与法国人所经历的如出一辙，造成的破坏也有过之而无不及。此后至今的300多年里，资本世界每隔一段时间便发生一次类似的经济危机，尽管爆发的点、表现的形式存在差异，但本质却并没有什么不同。"经济周期"的概念随之诞生。

经济周期的问题几乎牵扯到西方所有著名的经济学家。亚当·斯密，最为让人耳熟能详的经济学之父，认为管制策略带来的市场不平衡导致社会总体收入减少，而局部产业因特定的规划却迅速建立起来，这必然导致其他产业被削

---

① 理查德·马丁.煤炭战争［M］.张乐，郭佳，徐靖惠，译.北京：中央编译出版社，2023.
② 约瑟夫·E.斯蒂格利茨.全球化逆潮［M］.李杨，唐克，章添香，等译.北京：机械工业出版社，2019.

弱甚至消亡。这导致了市场调节功能的丧失，进而导致危机的来临。在对重商主义保护措施的批判下，亚当·斯密建立起了以"看不见的手"为核心的市场经济理论，从而拉开了经济学的大幕。在亚当·斯密的影响下，法国商人萨伊提出了一个著名的市场法则——"萨伊定律"①。其认为，市场交易本质是产品与产品的互换，故供给本身能够创造需求，因此自由市场是不存在危机的。

　　亚当·斯密的研究奠定了西方经济300年发展的理论基础，其贡献无需赘述，但其对经济周期的复杂性的认识显然还是太过乐观。后来的经济危机证明，即使将经济发展的选择权毫无保留地交给市场，经济周期依然无法避免。

　　"中央银行之父"亨利·桑顿在其著作《大不列颠票据信用的性质和作用的探讨》中指出，信用体系是不稳定的，其存在的正向反馈会导致经济出现自我脱轨现象，进而加速经济的泡沫化和陷入萧条的速度。同时期的李嘉图也同样意识到这一点，故李嘉图一直试图使英国恢复金本位制度，以遏制货币信用所带来的危害。他认为，只要以黄金为锚，英格兰银行就不能够不受限制地发行纸币，这样就可以使金本位制度下的货币体系维持稳定。但亨利·桑顿却不同意李嘉图的观点，他认为任何货币体系都不能实现自我稳定。历史的发展证明，亨利·桑顿是正确的。李嘉图的努力在一开始实行便因导致急速的衰退而遭到了废弃，但这并不能说明李嘉图的努力没有道理。

　　约翰·穆勒在李嘉图等人观点的基础上，在其著作《论政治经济学的若干未定问题》中，对萨伊定律进行了重新审视。约翰·穆勒认为，萨伊定律在物物交换经济中是可行的，但一旦以货币作为媒介，其结论就不一定成立。约翰·穆勒的结论一方面认同了亨利·桑顿货币体系不稳定的说法，但同时认同李嘉图通过金本位制度以限制货币的努力是有意义的。

　　那么，究竟货币在其中起了什么样的作用，才导致本应不存在的危机周期性地发生呢？马克思经过观察认为，货币作为商品的交换媒介，同时自然成为了一切商品的价值尺度。生产者和消费者必须通过货币，才能够达到自身的目的。如此一来，货币作为交换的手段摇身一变成为了交换的目的，而本来作为交换目的的商品却变成了手段。货币从普通的媒介异化为了权利，而私有制下的市场经济则通过资本家对工人剩余价值的剥削加剧了这种异化。在市场经济

---

　　① 萨伊定律全称为"萨伊市场定律"，是古典经济学的核心理论之一，由法国经济学家让-巴蒂斯特·萨伊在1803年出版的《政治经济学概论》中提出。其核心思想可概括为供给创造自己的需求。

条件下，这种异化使生产者生产出的商品远远多于消费者的需要，这部分差额则被双方普遍持有的货币所吸收，由此带来大规模的生产相对过剩。市场越庞大，这种异化所带来的大规模生产相对过剩便会越突出，从而造成资本世界的严重危机。这种危机内生于资本主义，和市场自不自由没有任何关系。马克思对资本世界的观察可谓一针见血，他直接对资本社会存在的合理性提出了质疑，并给出了只有实现共产主义才能消灭剥削的看法。不过，虽然他对资本主义的分析鞭辟入里，但他给出的解决方案并没有想象中的容易实现。即便如此，他的理论依然为人类社会的未来走向指出了道路，并在后来引发了世界性的革命浪潮，最终对世界格局的变化产生了深刻的影响。

西方经济学者显然不会承认其理论体系的失败，而且资本世界的快速发展显然也给了他们足够的信心。在经过多轮经济周期后，美国经济学家韦斯利·米切尔出版了著作《经济周期》，正式对经济周期进行定义并作出阐释。韦斯利·米切尔将经济周期分为四个阶段：繁荣、衰退、萧条与复苏，并通过大量的指标对其进行了分析。循着韦斯利·米切尔的研究思路，众多的学者对经济周期进行深入的观察，从而掌握了其越来越多的规律。不过，大多数经济学家依然坚持自由放任的市场经济，相信"看不见的手"的作用，其中最典型的代表当属奥地利学派。但随着大萧条的来临，西方经济学家不得不再一次重新考虑马克思的观点。在经济大萧条时期，无论人们怎么批评，银行家们就是不愿意放贷，货物一再贬值，但就是没有人愿意买。市场经济那只"看不见的手"也彻底看不见了，悲观情绪不断蔓延。事实再一次证明了资本市场并不完美，其内生的问题无法依靠资本市场本身去解决。在此情况下，著名的凯恩斯理论应运而生。凯恩斯放弃了对自由市场的盲目迷信，从对货币的研究出发，提出政府应该积极运用财政工具，适时地对市场进行干预。随着以"炉边谈话"①为标志的政府的介入，事情开始往好的方向发展，美国经济开始逐渐走出危机，并很快迎来了盛况空前的"黄金年代"。凯恩斯的理论取得了巨大的成功，凯恩斯主义逐渐成为主流经济理论之一。而与凯恩斯同时期的熊彼特却有

---

① 炉边谈话是指美国总统富兰克林·德拉诺·罗斯福在20世纪30年代经济大萧条时期和第二次世界大战期间，通过广播与美国民众进行直接沟通的系列演讲。这些谈话旨在向公众解释政府的政策、行动及面临的挑战，以增强民众的信心和理解，促进国家的团结和稳定。炉边谈话被认为是美国总统与民众沟通的重要方式之一，开创了领导人直接与公众对话的先河，对美国政治、经济和社会产生了深远的影响。

不同看法。熊彼特认为，创新的蜂聚是经济周期发生的原因。在萧条阶段，大量的失业人口、低廉的原材料和低利率水平为创新提供了环境，当创新成功后，越来越多的人便争相效仿，各类需求增加。随着投资不断扩大和创新带来的影响的耗竭，企业竞争加剧，成本上升，使得产业因过度投资而逐渐衰退。这种因创新带来的多个小的经济周期不断发生，而过去各经济学家观察到的不同频率的经济周期（如朱格拉周期、基钦周期和康德拉季耶夫周期），正是多个周期同时发生的结果。熊彼特的研究从理论上解释了为什么会有多种经济周期的发生，也解释了各周期的长度为什么都不规则。与其他经济学家研究市场的分配规律不同，熊彼特将目光锁定在经济增长的核心动力方面，并给出了自己的解释。熊彼特的创新发展理论在后世被认为是最重要的发展理论之一，其本人也被称为创新理论的鼻祖。但在当时其所属的时代，他的理论并没有受到太多人的重视。他宣称的"企业家精神"也没有在当时发挥多大的作用，他的理论甚至无法指导他经营好一家银行，反而是凯恩斯的理论经过实践的检验取得巨大成功。实践证明熊彼特的创新理论存在很多缺失，但他研究经济发展的独特视角值得所有后来者借鉴。而凯恩斯主义虽然风靡一时，但是随着"黄金年代"的结束与滞涨危机的来临，凯恩斯主义者却无法再像过去一样给出有效的解决办法，这也说明凯恩斯主义并非万能的。时至今日，虽然经济学理论在原有理论的基础上不断向前发展，但都无法解决资本主义的内生性矛盾。

当我们因问题的细枝末节而陷入困惑时，不妨试着跳出来，看看问题本身究竟带来了什么。资本世界的每一次经济周期过后，留下的往往是一个又一个过去没有的产业、模式及基础建设。在资本的推动下，人们快速地将各种新鲜的事物发展成大家都耳熟能详的东西，并鼓励人们向更广阔的未知前进。经济周期虽然经历着繁荣与萧条，但文明却在不断发展。如果我们以更大的尺度来看待经济周期，那么这种状态则与历史上王朝的兴衰非常类似。而将经济周期的尺度缩小，那么我们就可以发现其更像是一个又一个的"潮涌现象"。因此，我们有理由相信，无论是王朝的更迭、经济的兴衰，或是产业的波动、企业的交替，都遵循着同样的主线。在这样的规律下，顺应其需要的对象会得到发展，违背其需要的对象则逐渐消亡。知识作为文明历史发展的主线，极有可能在经济周期中扮演重要角色。如果我们能分析知识的发展规律，便有可能发现知识在经济发展中的作用，进而解开经济周期的谜团。

2.3 创新选择的根本遵循

迄今为止，越来越多的证据表明，创新在国家经济发展中有着重要的地位。但是，创新本身就存在很多问题，这些问题直接影响着经济发展的效率。目前我国的科技创新仍然存在一些问题。一方面，重大科技突破不断涌现，包括载人航天项目的不断推进，航母及舰载机的研发成功，大飞机C919的项目落地，深海勘探技术等一系列关键技术持续突破，成就瞩目。另一方面，企业尤其是中小企业创新能力弱，市场对创新的主动性、积极性不是很高；高校科研成果虽然数量比较多，但质量和影响力不够，低于世界平均水平；现有科研成果转化率低，高质量专利较少，技术服务需求与供给存在脱节；高技术产业增加值占比较低，工业企业依托创新的获利能力弱，企业创新土壤还不够丰沛。相较于我国当前取得的经济发展成就，科技创新能力的发展速度则呈现出某种程度的滞后，而对这种错位背后的原因尚未形成统一的意见。回答这些问题，必然需要创新理论的进一步发展。

2.3.1 创新理论的发展

从创新的内部因素——创新的方法论方面来看，目前的创新理论探索主要分为以SECI模型为框架的知识创新管理方向和以设计理论为基础的创新设计方向。

在知识管理方向，知识工程和组织管理均取得长足发展。知识工程自Google 2012年发布知识图谱以来实现全面复兴，由之前的显性知识流动逐渐向隐性知识挖掘扩展，而知识图谱在行业中的研究和应用也呈现爆发式的增长；组织管理方面，学者及管理者已经逐渐完成从对表征上的组织结构、人力资源等方面所带来企业创新能力的影响等研究向该表征背后的知识流动及影响问题研究的转向，主要的发展成果有知识计量学的兴起和对知识链理论研究的深化，且已逐渐能够对外部因素的影响进行解释与指导。

在设计理论方向，设计对创新的重要作用已经形成共识，设计思维的不断深化衍生出众多方法和工具成果，其中最具有代表性的Triz理论及相关工具已经被广泛验证并普遍应用于各类创新设计环节中。此外，思维导图工具作为引导思维的有效工具，不仅在教学活动中被普遍验证有效，其应用场景也被不断扩展。相较于对外部因素的探索,内部因素的研究方向更加明确,取得的成果也比较多,但大量的成果难以得到有效转化,致使众多有价值的知识成果被浪费。因此,仅考虑内部因素的不断突破也难以达到高效推动创新实践的目的。

2.3.2 创新实践的发展

在当前市场组织模式下,企业是创新实践的主体,而创新也是企业发展的核心推动力量。自我国改革开放以来,企业通过大量技术引进等方式进行了快速的产业创新迭代,实现了自身的快速发展。然而,随着我国产业的快速升级,技术引进的难度和成本逐渐增加,后发优势带来的创新红利逐渐消退。在此条件下,如何实现可持续的创新发展已成为企业所面临的重要问题。近年来,部分企业开始陷入"创新陷阱",企业负责人面临艰难的创新选择。如何规避创新陷阱,已经成为企业实现可持续高效发展所要解决的重要问题。

针对企业面临的创新陷阱问题,克莱顿·克里斯坦森认为,在很多情况下,很多大公司陷入创新陷阱往往并非犯了多么致命的错误,而恰恰是基于其成熟管理体系下的理性选择而导致的。[①]Ehrnberg 和 Jacobsson 等人的研究结果表明,破坏性技术的出现打破了原有的创新成果积累,重构了产业价值链条,使得企业陷入到技术的"达尔文之海"[②]当中。美国科学委员会在其发布的报告中指出,企业创新成果与其市场化之间存在巨大隔阂,即"死亡之谷"[③],这种隔阂一旦无法跨越,则企业的一切创新投入都将无效。"达尔文之海"和"死亡之谷"逐渐被认为是企业陷入创新陷阱的两个主要原因。为规避其带来的恶果,众多学者从不同视角进行了分析。He 等提出了经典的创新二元性理论,揭示了探索式创新、利用式创新与企业绩效的相互制约关系,并指出企业对探索式和利用式创新的平衡程度直接影响企业效益。这与企业陷入创新陷阱的主要原因相契合,而越来越多的研究结果也不断为该理论提供了佐证:

---

① 克莱顿·克里斯坦森. 创新者的窘境 [M].胡建桥,译. 北京:中信出版社,2010.

② "达尔文之海"又称"达尔文死海",是指科技成果转化过程中,从实验室技术原型到产业化生产之间的高风险、高成本阶段。这一阶段需要经历中试放大、样机生产、工艺优化等环节,既超出高校科研院所的能力范围,又因风险大、回报周期长而被企业视为畏途,形成了两端不愿介入的"中间空白地带",类似于生态系统中生物难以生存的"死海"。

③ "死亡之谷"是企业管理和科技创新领域的术语,指企业在发展过程中面临的高风险、高成本且资源极度匮乏的关键阶段。这一阶段通常出现在早期创业、技术转化或产品研发后期,企业可能因资金链断裂、市场验证失败或管理瓶颈而夭折。

Liang 在研究中发现，模块化创新网络在带来积极作用的同时，也更容易使后发企业落入创新陷阱；后发企业应特别关注习惯于技术引进而陷入追随者困境的问题。Kim 和 Roh 提出，企业的思维惯性导致的路径依赖容易陷入创新陷阱，而出口可以通过刺激学习降低陷入陷阱的概率。在国内，众多学者的研究成果与国外研究成果一致。夏保华提出技术间断是企业陷入创新陷阱的重要原因。蒋春燕基于对两家不同特性企业的长期分析，构建了系统动力学模型，揭示了不同特质企业下的创新路径及创新实践与企业家精神的双向作用。谭敏基于创新二元性理论，通过构建模型探讨领导行为、战略导向对创新二元性的影响，以及创新二元性对企业绩效的关系，并提出了一系列企业的组织管理建议。聂辉华等利用中国规模以上企业的面板数据，分析了企业规模与创新之间的关系。孙文浩等则从科技人才规模的角度对企业创新陷阱进行了分析。还有一些学者从产业政策的角度，分析了产业政策对企业创新及生产效率带来的影响。这些研究都在很大程度上为企业在创新实践中的选择与决策提供了理论指导。但遗憾的是，在理论层面，尽管实现创新的二元性平衡已经成为共识，但在对具体定量模型的构建上迟迟无法突破，针对不同企业的分析工具尚未出现，难以对企业创新实践形成更加准确的指导和研究。在实践层面，尽管越来越多的企业已然认识到实现创新平衡的重要性，但由于缺乏更为完善的理论模型，使得企业往往对自身的特性、所处的阶段及所要实现的平衡点把握不足。

创新的理论与实践虽然不断在发展，也取得丰硕的成果，但对知识创新的内在机制与如何提升创新效率尚处于研究之中，无法很好地为发展提供指导。首先，究竟什么样的创新才是有价值的？很多看似创新的理论学说却经不起实践的检验，有些甚至带来负面的影响。有些看似没有用的东西，反而在未来的发展中被证明是成功的关键。那么，应该如何评价创新成果，才能去粗取精、提高效率？其次，创新应该遵循什么样的规律？有些创新，从长远发展来看非常必要，但实施起来却难以形成成果，且大量的成本被消耗，最终导致创新计划不得不放弃。但相反地，迟迟不进行创新，又会使主体竞争力不断下降，最终导致慢性死亡。我们应该怎样选择创新的时机和方向，才能恰到好处地实现高质量发展？

如果我们不能准确把握创新的价值，那么就不可能正确评估实行创新行为是否适当。导致众多的企业在面对创新选择时不知道该不该进行创新，什么时候该进行创新，也不知道应该进行什么样的创新，更不知道应该找谁来帮助进行创新。创新本身的风险不能被认知，使得众多的创新主体要么畏手畏脚，要么鲁莽冲动，创新效率大大下降。鉴于此，本书认为，知识的创新是实现价值创新的基础。分析知识的创新规律，便能够以此为原点构建创新发展模型，进而为创新主体的创新选择提供指导。

2.4　区域发展的最优路径

区域经济发展战略的制定到底应该依据什么样的理论？随着科技的发展和社会分工的进一步深化，区域发展的可选路径在变得越来越多的同时，其面临的不确定性也在日益增加，试错的成本与日俱增。区域发展陷入困境，不但会对区域自身造成损害，也会给系统整体带来负向作用。最典型的是葡萄牙、意大利、爱尔兰、希腊、西班牙，不仅自身陷入债务危机，而且对欧盟的经济和政治也造成了长期的负面影响。故对区域而言，如何寻求正确的发展路径在未来将是一个不得不面对的难题。

相关区域发展理论的研究主要有发展阶段理论、平衡增长理论、新古典经济理论。

2.4.1　发展阶段理论

该理论主要在胡夫和费希尔于1949年发表的文章中被提及。其认为，区域发展一般需经历5个阶段，即自给自足经济阶段、乡村经济崛起阶段、农业生产结构的变迁阶段、工业化阶段和服务业输出阶段。相似的观点还有罗斯托的6个阶段论，即传统初级阶段、起飞前阶段、起飞阶段、趋成熟阶段、大生产高消费阶段和提高生活环境质量阶段。此外，还有对城市化的4个阶段划分，即城市化初期阶段、城市化中期的郊区化阶段、城市化后期的逆城市化阶段、再城市化阶段。这些理论主要是对区域发展的不同阶段所反映出的现象进行观察和总结，并没有触及过多深层次的原因。

2.4.2　平衡增长理论

该理论认为，贫穷存在恶性循环，要突破这种恶性循环，就要利用投资的方式来增加资本。而根据萨伊定律，供给本身产生需求，因此通过追加投资带来的供给扩张的同时，也会相应地增加需求，从而实现区域的全面发展。平衡增长理论还有一个特点是要求投资要实现各部门和产业投资的平衡。这种理论对区域建设有一定的积极作用。但其基于的两个前提条件，一个被证明不适用于货币经济体系，另一个在实践上存在种种困难。这导致平衡增长理论从一开始便显得有点根基不稳，而实践证明该理论也是没有效率的。

2.4.3　新古典经济理论

新古典经济理论将区域发展的动力归结于3个方面的要素：资本、劳动与技术进步。其认为，市场的自我调节会推动要素向更有利润的区域方向流动，最终使区域之间的发展差距缩小，各区域发展将趋于均衡。新古典经济理论对区域的阐述有很多案例可以验证，如我国凭借后发优势实现经济的快速增长，发达国家增长速度放缓，越南等新兴国家的快速发展，等等。但其同样存在反例：如在大殖民时期殖民国家的经济、增长速度都要远远高于贫穷的被殖民国家，这说明发展的不平衡不能仅靠等待来解决。因此，新古典经济理论对区域发展的阐述依然存在某些缺失，需要进一步探讨。

2.4.3.1　不平衡增长理论

该理论主张应有选择地优先投资一些部门和产业，促使其发展，再利用这些优先发展的产业向外部扩张，带动其他产业的发展。该理论的提出者赫希曼认为资源具有稀缺性，应充分利用稀缺资源实现效益的最大化。该理论提出后得到众多学者的支持，从实践来看也符合很多区域发展的实际需要。但在如何选择投资对象方面，赫希曼并未给出足够详细的方案。

2.4.3.2　科技进步理论

该理论将创新和科技进步作为经济发展的重要推动力量。经济发展的本质在于创新带来的科学技术的进步。熊彼特在其著作《经济发展理论》中提出，经济增长的过程是其从一个均衡状态发展到另一个均衡状态的过程，而原有的均衡状态需要由创新来打破。熊彼特还将企业家精神作为创新的来源。缪尔塞认为，技术进步源于技术的创新，创新是科技进步的基础。马克思认为，生产力随科学和技术的不断进步而不断发展。该理论符合众多国家和区域发展的历史进程，但在创新和技术进步的规律方面尚未实现准确的认知。

2.4.3.3 比较优势理论

早期比较优势理论由李嘉图提出,其认为,不同国家或地区的劳动生产率等各方面存在差异,由此形成了不同地域的不同产业优势和产业劣势。对于国家而言,应该多生产并出口具有比较优势产业的产品,而进口具有比较劣势产业的产品,这样才能达到效益的最大化,不仅有利于国家经济的发展,而且有助于加深全球产业化分工,提升各自的生产水平。比较优势理论经过多个学者的演进,已经成为较为成熟的指导区域发展的理论。但其存在的不足是没有给出有效判断区域比较优势的具体方法。而这种讨论到目前为止依然无法形成统一的意见。

2.4.3.4 产业竞争力理论

该理论由迈克尔·波特提出,是对斯密和李嘉图的优势理论的进一步发展。产业竞争理论的核心是将国家竞争力聚焦到产业上来。而针对构成产业竞争力的基本条件,迈克尔·波特利用其"钻石理论"进行了阐述。其认为产业竞争力是由生产要素,国内市场需求,相关与支持性产业,企业战略、企业结构和同业竞争等四个主要因素,以及政府行为、机遇等两个辅助因素共同作用而形成的。其中,前四个因素是产业竞争力的主要影响因素,构成"钻石模型"的主体框架。四个因素之间相互影响,形成一个整体,共同决定产业竞争力水平的高低。产业竞争力理论相较于以往的区域发展理论而言,突破之处在于首次将影响区域竞争力的因素聚焦在可观测的几个重要的要素之上,并且得到了产业实践的验证。但是该理论也只是静态地对各要素对区域发展的影响进行了讨论,不能解决区域发展的选择问题。

2.4.3.5 新结构经济学比较优势理论

林毅夫在其新结构经济学中,对比较优势理论进行了进一步的发展。其认为,按照比较优势发展是形成竞争优势的基础。而要按照比较优势发展,就应基于自身的要素禀赋出发,发展具有自生能力的产业。对于影响产业竞争优势的四个要素,林毅夫认为,第一个要素与按照要素禀赋发展比较优势产业的理论相一致,第三个要素和第四个要素是按照比较优势发展的结果。因此,其将波特的四要素简化为两个独立的要素:一是基于要素禀赋出发发展具有比较优势的产业，二是培育一个庞大的竞争市场。新结构经济学比较优势理论特别强调要素禀赋的重要性，认为区域应该基于自身的要素禀赋，发展具有比较优势的产业，才能使产业获得"自生能力"，并在竞争中获得胜利，进而得到持续的经济发展。区域要想改善自身的产业结构，应该优先从改善自身要素禀赋出发，而非直接强行上马该产业，否则将付出巨大的成本，且在与外部的竞争中因没有优势而导致失败。该理论对众多现实案例，如不同国家的发展现状、区域发展的不平衡、产业集群等进行了合理的解释，证明了其有效性。不过由于要素禀赋的内涵极为广泛，在具体实践过程中容易出现偏差。运用该理论时，运用者往往站在自身的角度，片面强调某一方面要素的优势，难以同时兼顾考虑到其他方面要素的制约。如果不能对要素禀赋的内容进行进一步剖析，确定主要矛盾，对该理论的运用便有很大概率出现用正确的思路得到错误结论的现象。

基于区域发展理论的演进，解决区域发展问题的关键在于解决产业发展的选择问题，而产业发展选择问题的核心在于对区域要素禀赋的准确把握。一方面，构成区域要素禀赋的各项因素不可能同时具备，不同的要素对产业发展的影响不同。另一方面，构成要素禀赋的各要素对产业的影响是在不断变化的。换言之，在产业发展的不同时期，同一要素对产业的影响有可能从次要转变为主要，也有可能从主要转变为次要。从知识的角度，我们可以更加清楚地理解和把握这种变化，进而为区域发展决策提供理论依据。

第3章 知识链的理论体系

3.1 知识特性的归纳与知识链的提出

通过对现有的知识理论进行整理和总结，可以发现，虽然各理论对知识的认知和观点争议不断，但是知识存在的一些基本的特性却是被公认的。这些特性均能够反映一部分知识的本质和规律，并已经为知识界所接受。

3.1.1 知识是需要被验证的

如果我们不去讨论知识如何被验证这个问题，仅考虑知识到底需不需要被验证，那么所有的知识论者都会给出肯定的答案。验证性是知识的一种最基本的属性。从知识可知论者的视角来看，知识自然是确定无疑需要被验证的。针对知识的最基本的"三元定义"中，知识的验证性便是知识核心的属性之一。无论是笛卡儿还是康德，抑或是西方的其他学者，他们对知识验证性的争论集中在"如何验证"上，而对知识验证性本身的必要性则并不存疑。即使是盖梯尔在其反例中，也只是质疑传统定义中知识在验证上存在的漏洞，而对知识验证的必要性从未质疑过。后现代知识者提出的知识的不确定性，则更加强调知识验证的困难甚至不可能，这恰好从反面角度论述这一特性对于知识成立的必要性。在中国的哲学体系中，虽然并没有对知识概括的完整而明确的定义，但在对知识的论述过程中，都是基于客观现象对知识进行论述，因而中国的哲学对知识的论述从来都是以实践的验证为核心的。

知识验证性的关键问题在于如何实现知识的验证。而在"验证"这个问题上，各理论之间虽然争论不断，但基本可以归纳为三个方面。第一，认为知识是不可验证的。但这种不可验证并非指知识完全不可知，而是强调知识的不确定性。但该理论其实并没有完全否认对知识验证的可行性。事实上，我们完全可以给知识的适用性限定一个范围，实现对范围内的知识的验证。第二，认为知识是在先验知识的基础上通过逻辑推理而得出的。在此，我们不必考虑是否存在先验知识的观点，仅需考虑逻辑推导的手段，即假设存在已有的知识，那么通过逻辑推导，我们可以得到另外的知识。这种方法在实践上是可行的。例如，在数学领域中，可以根据已知的条件推导出另外的结论。第三，认为知识是对现象和规律的总结和抽象，知识的验证需要通过实验、观测等方式，用现实案例来验证自己的结论。而理性学派所称的"先验知识"，本质上也需要通过现实案例的验证。结合上述论点及现代科学的发展可以总结出知识的验证主要遵循逻辑推导与案例验证两种模式。在知识的验证上，有些验证是确定无疑的，如数学中定理对其推论的验证，那么这类验证便可以称为强验证。强验证没有不确定性，即不会存在例外导致被验证承认的知识对象变得不再成立。而有些验证却不那么有力，如通过提出一些案例以支持自己的观点等，其不具有一般性，存在使被验证承认的知识对象不再成立的可能。这种验证便称为弱验证。这些用以进行强验证和弱验证的知识、逻辑、案例等是知识成立的支撑条件，故也可称为知识强支撑和知识弱支撑。

3.1.2　知识是有适用范围的

上文已经提到，后现代的学者曾提出知识存在大量的"不确定性"，这种不确定性的存在使我们无法对知识进行验证。例如，海森堡于1927年提出粒子的不确定性原理，即不可能同时精确确定一个基本粒子的位置和动量。而知识存在的"不可验证性"这一特性，在知识管理和知识工程领域也均被提及。古斯·施雷伯在其著作中提出，知识是需要情境的，知识在某种情境下为知识，但在另一种情境下有可能仅仅是数据。野中郁次郎认为，知识是一个"动态的人际化过程"，从应用角度来看，绝对的"验证"难以把握，而是依赖于特定的情境，脱离了特定的情境，知识便有可能不再被"验证"，从而不再成为知识。例如，在一个日本企业中，大家有可能因为文化和企业规则的约定俗成而形成很多隐性知识，这使得职员之间在进行沟通时能够自然地接受并判断对方给出的知识是否正确。而离开了这一环境，外人则可能根本无法听懂对方在说什么，自然也无法辨别知识的真伪。这些论述和案例表明，在某一情境下的知识，到了其他情境中就变得不那么适用，甚至直接就是错误的。因此，可以引入知识的适用范围这一概念来处理该问题。具体内容为：知识是具有适用范围的，在知识的适用范围内，知识是可以被验证的，而脱离了知识的适用范围，知识便没有被验证。不过，知识没有被验证不代表该知识在适用范围之外不可被验证，而是尚未出现有力的证据证明该知识在已知的适用范围之外依然适用。如果在某个适用范围之外，该知识获得了验证，那么其适用范围便随之扩大。知识适用范围的存在使我们在使用知识时必须关注条件的变化，不考虑条件变化滥用知识极有可能带来损失。关于知识适用范围的一个典型的例子便是俄罗斯盲目使用"休克疗法"[①]带来的巨大失败。

3.1.3　知识的成立依赖于假设条件和逻辑关联

这一特性批判地继承了理性主义学派的研究成果。一方面，知识的逻辑关联对知识的成立非常重要，公孙龙曾用"白马非马"[②]的案例说明逻辑的错乱将带来的严重后果，而逻辑学也是现代科学发展的基础。可以说，没有逻辑便不会有知识的发展。另一方面，知识的逻辑关联固然重要，但如果预设条件错误或者没有意义，那么整个知识过程也就是错误或没有意义的。例如，理性学派依据"先验知识"得出的很多结论，在现代科学看来便是完全错误的。即使当前我们所做的一些研究能够自圆其说，但如果预设的条件没有被验证，甚至本身便存在错误，那么整个研究结论也将没有意义。因此，如果推导出的知识称为知识，那么其进行推论的出处也应该是知识；如果被推导的出处本身不具备知识的条件，那么即使推导逻辑正确，推导出的结论也不能称之为知识。在此，可将被推导的原知识和推导逻辑认为构成推导结论的知识强支撑。因为推导的作用本身就是使知识从一般性向特殊性转变，故其结论是原一般性知识的一个特殊性分支，即原知识的扩展结论，该扩展结论的适用范围不会大于原知识的适用范围。知识推导出扩展结论的过程也可以称为知识的扩展。

---

① 休克疗法原本是医学术语，后被引入经济学领域，是指20世纪80年代末90年代初，一些东欧和拉美国家为应对经济危机、向市场经济转型而采取的一系列激进的经济改革措施。

② "白马非马" 是中国逻辑学家公孙龙提出的一个逻辑命题。"白马非马" 命题揭示了概念的内涵和外延的区别，强调了不同概念之间的差异性和确定性，在逻辑思维和哲学思考上具有一定的价值，它促使人们更加深入地思考概念与事物之间的关系，推动了中国古代逻辑思想的发展。但从常识角度看，这一命题违背了人们对事物类属关系的一般认识，容易被视为一种诡辩。

3.1.4　知识的发展是渐进的

知识的渐进性体现在由浅入深的学习、经验的积累、数据向知识的转变过程等各个方面。从最简单的个人学习过程分析，复杂知识的学习必然依赖于一定的知识基础，缺少知识基础，复杂知识便无法被学习者掌握。由此可推出，既然复杂知识在缺少知识基础的前提下无法被掌握，那么该复杂知识更加不可能在缺乏知识基础的情况下被创新出来，因为缺乏知识基础的个体根本不具备认知该复杂知识的能力。因此，知识的发展依赖于一定的知识基础，这类知识基础有助于形成更加复杂的认知能力，从而使新知识的提出成为可能。基于一定的知识基础提出新的知识的行为被称为知识的延伸，这种延伸出的知识很可能拥有比原知识更宽泛的解释范围或更强的解释能力，而其所依赖的知识基础自然构成该新知识的弱支撑。

根据对既有研究的归纳可以得出，知识能被称为知识具备两个基本条件：一是被经过验证和承认的，二是提供了适用范围的。知识的出现分为两种，一种是知识的扩展，另一种是知识的延伸。知识的扩展，其原知识构成扩展知识的强支撑，故不需要经过再一次验证；而知识的延伸，其原知识仅构成延伸知识的弱支撑，故需要通过进一步验证以减少其不确定性。知识的扩展结论适用范围不会大于原知识的适用范围，知识的延伸则往往超过知识基础的适用范围和解释能力。

进一步推导可得，知识存在三种基本属性，分别为知识内容本身、知识适用范围和知识支撑，支撑知识的知识则又需要其他知识支撑。这种环环相扣的结构使得知识更像是一条动态的链条，链条越长，知识支撑的环节越多，知识便越复杂。故在此，可对知识进行如下定义：完整的知识是限定了适用范围的，由知识环节、逻辑、案例等按照验证与被验证关系环环支撑的动态链条；知识环节是具有具体内容、适用范围和知识支撑三种属性的链条上的某个环节。按照此定义，完整知识也被称为知识链，知识的不断延伸和扩展的过程即知识链发展的动态过程。而为简化称呼，一般可将完整知识（知识链）和知识环节统称为知识。

3.2　知识链的结构、构建与分析

3.2.1　知识链对知识元的区分

知识元有很多种叫法，如知识元素、知识单元、知识因子、知识节点、知识基因等。在知识元的定义方面，一般认为知识元是知识的最小粒子，所有的知识都可由知识元通过一系列排列组合构成，知识的创新也是知识元游离与重组的结果。知识元的这种知识粒子的排列组合理论能够从更加微观的角度解释知识创新的本质。不过，学者在对知识元的研究过程中，都更加关注知识内部各元素的相互链接。李伯文在其知识基因理论中指出，知识基因（知识元）是科学概念（科学概念不等同于知识），不能被直接使用，只有将其有机地结合在一起，形成"知识DNA"，才有实际运用的价值。因此，当将某知识元与其他知识元进行重组时，实质上是将支撑该知识元存在的一系列知识或知识活动一并与其他知识元进行了重组。

知识链以立体的视角对当前知识元相关研究进行了区分和整合。首先，对知识元的各种定义需要划分为看似相同实则完全不同的两个类别：其一认为知识元是知识，其二认为知识元是科学概念，而科学概念与知识是不等同的，将两个混同起来虽然能够拓宽其解释面，但也使得其更加模糊和难以理解，因此造成上文所述的各种问题。按照知识链理论，对知识元的定义应该更加立体：在俯视视角上，知识元应该属于知识范畴，知识链由一系列知识元有序链接而成；在侧视视角上，知识元则不属于知识范畴，而是作为支撑某知识成立的最基础的知识支撑单元存在。这种立体结构使得大量的知识具有多重身份：当其作为俯视知识链中的某个环节时，其可被视为知识元；而当其作为知识支撑时，则只有最原始的知识支撑才能称为知识元，但此时的知识元不能被视为知识。知识的这种链状结构可用图3.1表示。

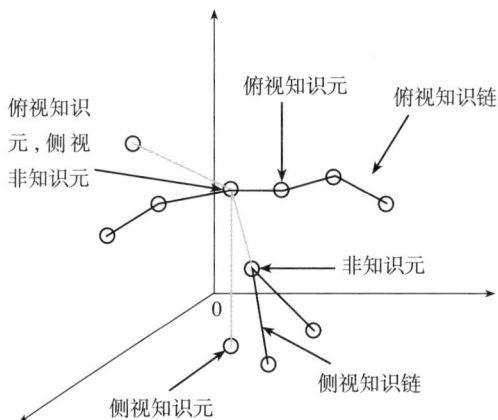

图3.1　知识的链状结构

3.2.2　知识的元支撑

按照知识链的结构，知识的元支撑是构建知识链的基础。由于知识的元支撑没有其他对象为其提供验证，因此其自身必须具备某种程度上的客观真实性。理性主义学派认为这种客观的真实性的对象是"先验知识"，经验主义学派认为是感官经验，即来源于人对现实世界的感知。现象学认为，人能够把握的只有现象，一切知识的来源都是通过对现象的互动来获得的。实用主义认为，知识能够指导行动，产生好的效果，结果的优化能够验证指导其发生的知识。存在主义认为，认识的获得是从存在的现象出发，通过自为对存在的否定和自我虚无化所形成的，这种否定和虚化过程即我们为了描述存在的现象进行的一些预定义和逻辑。野中郁次郎认为，知识的交流伴随的是一系列的文化和思维习惯，这意味着语言和思维习惯等也是支撑知识成立的要素。

本书以现象学为主体观点，并对其他观点进行整合以描述知识的元支撑的类型。现象学派认为，人类的所有认知均来源于现象，故而有且仅有的现象才能实现现象自身存在的自证。在观察分析现象过程中，人们需要使用逻辑性的抽象的语言对现象进行描述，这个过程往往伴随着众多的概念定义、假设等，可称为预定义；分析的对象即案例；而经过大量案例证实的，由人们公认的抽象化描述即公理。

故知识的元支撑即围绕观察分析现象而产生的预定义、案例和公理。具体描述为：

（1）预定义：人们为分析现象提前设定的一系列语言、概念、逻辑和假设。

（2）案例：具体的用于分析的实际发生的现象。

（3）公理：大量案例证实的，由人们公认的抽象化描述。

3.2.3　知识链的构建

按照知识链理论，基于知识的元支撑可构建全行业的知识链体系。其具体构建方式为：对于某知识节点A，描述知识内容和适用范围，然后考察其知识支撑，可得多个知识节点（如知识节点B、C）或知识元支撑（如预定义A），分别描述各节点内容及适用范围，并考察各知识节点的知识支撑，每个知识节点也可得多个知识支撑。通过重复上述步骤，最终需考察各知识节点的知识元支撑，不同知识节点的知识元支撑类型可能存在差异，一些知识节点的知识元支撑可能是案例和预定义的组合，有的知识节点的元支撑则由案例、预定义和公理共同构成。通过反复对知识节点的知识支撑进行考察，最终可完成整条知识链的溯源，如图3.2所示。

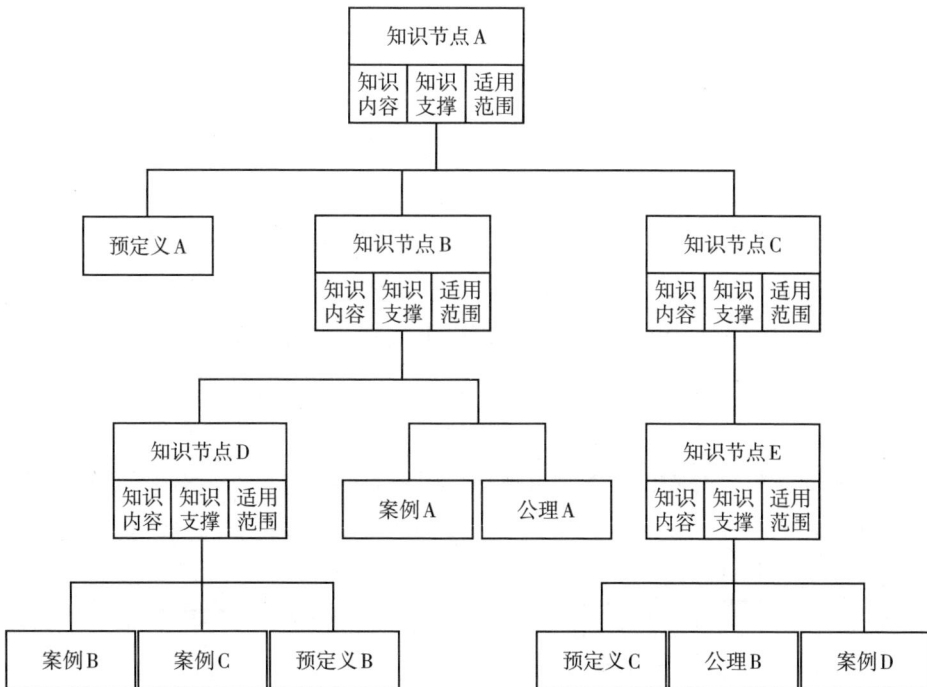

图3.2　知识支撑与知识链的结构

知识链构建具体有以下四个步骤。

步骤一：遍历某知识对象的所有显性知识成果，并获取成果内容。

步骤二：根据成果内容的相互关联关系，寻找成果的知识支撑并进行链接。一个成果可能有多个知识支撑，一个知识支撑可能有多个成果。

步骤三：若有某些成果的知识支撑需要靠外部引用，则检索被引用的知识。外部引用的知识可以用虚线标注。

步骤四：知识链构建完成后，遍历其头部知识成果，其头部知识成果即该知识对象的知识边界。

3.2.4 知识链的分析与知识评估

知识链构建完成后，可通过对知识链进行分析，实现对知识对象的知识评估。根据知识链理论，知识的成立必然基于知识支撑之上，故在考察知识对象时，可通过评估其知识链的知识支撑判定其知识成果的可信程度，同时可对其在该方向的知识能力进行研判。其具体有以下四个步骤。

步骤一：获取该知识对象的知识边界，在知识边界上的知识成果代表该知识对象的最高知识水平。

步骤二：考察知识边界上知识成果的知识支撑，然后进一步考察该知识支撑的下级知识支撑；重复该步骤，直至其知识的元支撑。

步骤三：通过考察知识元支撑的普适性和准确性，自下而上地对各级知识支撑的普适性和准确性进行评估。各级知识支撑的普适性和准确性越强，则依靠其支撑的上层知识的普适性与准确性也相应增强；反之则较弱。若某知识成果不存在知识的元支撑，则认为该知识成果脱离了实践，可信度较弱。依赖其支撑的上层知识成果的普适性与准确性也相应变弱。若某知识支撑被证伪，则需重新评估所有依赖其支撑的上层知识的可信度。

步骤四：完成对知识链的完全评估后，即可实现对该知识对象的现有知识水平、擅长方向及知识体系的完整度进行评估，从而不仅能够判断其知识研究与运用能力，而且能够发现其知识体系中需弥补和加强的环节，帮助其进一步完善知识体系，提升知识能力。

3.2.5 基于知识链构建的实验室知识能力评估

某实验室 A 为国家重点实验室，曾完成多项国家级科研项目，取得大量成果。为进一步评估该实验室的实际科研能力、擅长方向及存在的知识短板，现通过构建知识链对其进行能力评估。

本书以该实验室所发表的论文成果为主要数据来源，通过论文成果内容的相互关系与成果主要的外部参考文献引用，构建了该实验室的部分知识链。按照知识链的分析方法考察该知识链，可知该实验室的知识边界为知识服务与创新设计、服务型制造与设计信息集成、教学组织探索、大学生创新项目管理、制造成熟度评估下的工艺设计等。

从头部知识成果出发，不断考察其下级知识支撑可以得出，该实验室在知识服务与创新设计、设计信息集成等方面有长而复杂的知识链条，且有大量案例作为知识元支撑；而在大学生创新项目管理、制造成熟度评估下的工艺设计等方面的知识链较短，因此可认为该实验室的擅长方向和主要研究能力在知识服务与创新设计方面，而在制造成熟度评估下的工艺设计和大学生创新项目管理方面的研究尚处于起步阶段。同时，实验室在教学组织探索上缺乏元支撑支持。故可认为实验室在这两个方向尚处于探索阶段，还不构成系统研究能力。

进一步地，通过深入考察该实验室的主要研究方向可以发现，随着其知识链的不断延伸，其知识边界充分整合了下层知识支撑的研究成果，形成了较为完备的理论体系，但与此同时，其伴随的以案例为主的元支撑则更多是在对某一种或几种知识服务的应用下实现的，这意味着虽然该实验室在理论上实现了较为完整的体系，但尚未实现理论成果的工具化与规则化，使得目前还未形成统一的应用模式。故可以预测该实验室在未来不断完善与优化现有理论的同时，还可能寻求更多实践案例，用以验证其理论的可行性，以便于其建立系统的规则并构建应用工具，进而实现其理论成果的产业转化。

3.3　知识链的分类

3.3.1　基础知识链和产业知识链

基础知识链是由一般科学规律发展形成的知识链条，通常由研究者通过实践发现或逻辑推导等方式进行创新和发展，具有普适性的特点。知识一旦被称为知识，那么就不是错误的，而是由于其不完善性造成了适用范围的局限。基础知识链的发展分为知识链的创建、延伸和拓展。其中，知识链创建指研究者完全基于现实实践的归纳总结形成的全新知识链。随着人类文明的发展，当前知识链创建在基础知识链发展中所占的比例已经十分微小。

知识链延伸指在既有知识链基础上融入新的实践案例的抽象，以增强知识链的适用范围，解决当前的未知问题。基础知识链的延伸使知识链的解释范围更加宽广：如牛顿定律的适用范围为经典力学范围，广义相对论则在任意速度和受力条件下都能适用。因为基础知识链的延伸是超越现有知识链水平的进一步知识创新，所以其头部知识节点知识的适用范围永远大于其余知识节点知识的适用范围的并，如图3.3所示。

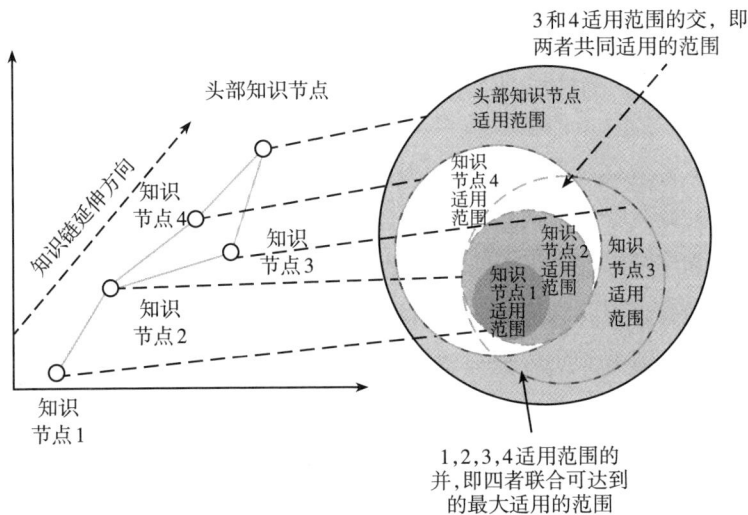

图3.3 基础知识链的延伸

基础知识链在延伸过程中，由于融入的实践案例的抽象的不同，经常会出现知识节点的分化与统一。如图3.3所示，该条基础知识链向前延伸至知识节点2时，分化为两条分支，分别是知识节点3—知识节点2—知识节点1，以及知识节点4—知识节点2—知识节点1。在这两条分支中，知识节点3和知识节点4的适用范围都包含知识节点2的适用范围，但知识节点3和知识节点4的适用范围本身却存在差异。知识的分化导致拥有不同知识链分支的知识者经常出现争论，且通常难以分出高下，究其原因为双方的理论都能够解决足够多的问题，却不能完全回答对方提出的所有疑问。这种争论的持续会使知识者逐渐了解双方理论的优点，从而借鉴不同理论的优势，同时一并考虑多个分支的实践案例以进一步延伸知识链，进而实现知识创新。

在图3.3中，由知识创新产生的头部知识节点整合了两条分支的理论，使知识链再次实现统一。头部知识节点的适用范围将两条分支的适用范围全部纳入其中，完成了对两条分支理论提出的所有问题的回答。在头部知识链的理论框架下，两条分支知识链的理论均可被视为头部知识链理论在两种不同条件下的简化。在处理具体问题时，这种简化往往能够提升效率。知识链向前发展，其知识体系将变得更加复杂。在处理速度不足时，过于追求完美可能使其在实践上十分低效，甚至没有可操作性。基础知识链的延伸构成知识的边界，人类科技不能够越过知识边界发展。

基础知识链的拓展是在既有知识链的基础上，针对某一方向或某一问题进行的进一步推理和细化。知识链的拓展不依赖于新的实践案例，仅基于既有知识链通过逻辑推断即可实现。知识链的拓展使得在处理问题时，可以直接应用拓展成果，从而节省重复论证的时间损耗，提高知识的使用效率。由于知识链的拓展是基于现有知识的进一步论证，因此其适用范围应在已有知识适用范围以内。当拓展成果基于多个知识节点时，拓展成果的适用范围应在所基于的多个知识节点适用范围的交以内，如图3.4所示。

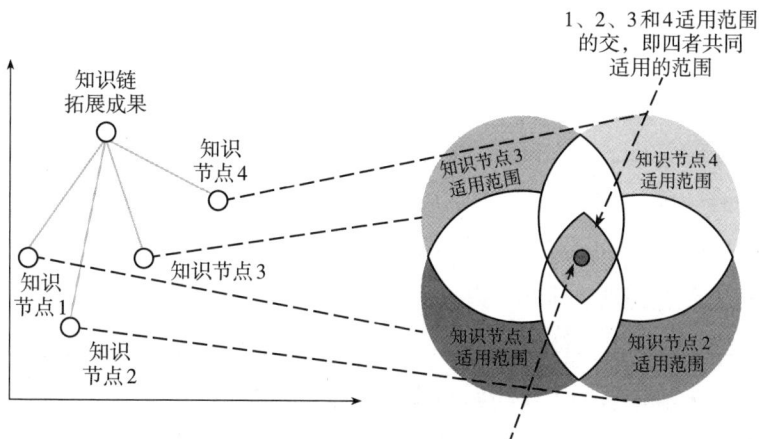

图3.4 基础知识链的拓展

由于基础知识链的拓展是既有知识链的进一步讨论和细化，因此，当被拓展的知识环节因被知识链延伸后的更先进的知识环节取代或因其他因素淘汰后，其所有的拓展成果也将不可避免地被逐渐淘汰。鉴于此，知识链的拓展需要考虑其经济性，避免因过度投入而导致损失。

产业知识链是在知识边界内，以实现某具体产业实践目标为主线，将既有基础知识节点进行细化研究并整合形成的知识链条。产业知识链的形成源于对基础知识节点的细化研究及有序整合和组织，被整合的基础知识节点称为该产业知识链的产业知识元。由于产业知识链的形成以某个具体实践目标为主线，故该目标一定至少在该产业知识链产业实践最终环节的知识元适用范围以内。同时，相邻知识元的适用范围必然存在交集，使得产业实践环节之间能够顺利过渡，如图3.5所示。

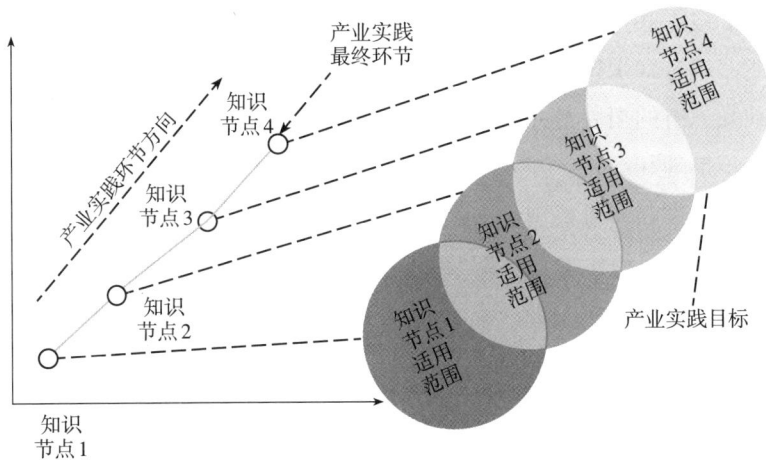

图3.5　产业知识链结构

与基础知识链的发展不同，产业知识链内各知识元的适用范围并不存在包含与被包含的关系，任一知识元的作用是解决其所对应的问题。一般情况下，产业知识链中发生的知识创新通常为知识链的延伸、拓展、创造和革新。其中，延伸指接入更多的知识元使得知识链进一步延长，其效果一般是提高知识链实现复杂产业实践目标的能力；拓展指既有知识链与其他和当前产业实践目标不一致的知识元进行链接形成分支，其效果通常是增加知识链可实现的产业实践目标数；创造是指通过知识元的组合创建出全新的产业知识链条，其效果通常是填补产业空白；革新是指对既有知识链的知识元进行升级，即用更加前沿的基础知识节点替换已有的相对落后的基础知识节点，必要时需对既有的产业知识链的其他知识元同步进行重组、升级或淘汰，其效果通常是提升产业实践目标的实现效率。

3.3.2　劳动密集型知识链与资本密集型知识链

知识链发展归根结底需要知识者在掌握既有知识的基础上，通过思考和实践等方式实现知识创新。而知识者在掌握知识的过程中需要不断投入成本，因此通过资本激励的方式能够提升人们进行知识学习的积极性。当知识链学习成本较低时，少量的资本投入便能够培养出大量掌握该知识链的知识者；但当知识链学习成本较高时，培养一名掌握该知识链的人才则需要投入大量的资本。因此，知识链在发展过程中受到的主要制约因素往往是不同的。

劳动密集型知识链是指知识链发展主要受参与其中的知识劳动者的人数制约的知识链。一般情况下，当知识链学习成本较低时，将会有大量的拥有该知识链的知识劳动者出现，劳动力成本较低。而由于具备该知识的人员较多，知识得以充分交流，新的观点能够被很快证明或被证伪，使得学习并掌握既有知识链带来的成本对知识创新的制约程度较低，故知识创新往往表现为"偶发性"，即人的"灵光一闪"即可实现创新。此时，假设每位知识者出现"灵光一闪"知识创新的概率固定且是相等的，则知识链发展的速度和参与知识创新的知识劳动者的人数呈正相关。因此，在发展劳动密集型的知识链时，可通过吸纳更多掌握该知识链的劳动者来实现。

资本密集型知识链是指知识链发展主要受针对该知识链发展的资本投入制约的知识链。当某知识链学习成本很高时，具备该知识的知识劳动者则非常稀缺。此时，由于掌握知识链的人很少，知识交流不充分，新观点的证明或证伪需要相关专家通过论证来实现，知识链的掌握程度对知识创新的制约因素便凸显出来。此时虽然创新也需要人的"灵光一闪"，但由于这种灵感只能发生在已经具备知识要素禀赋的极少数的研究者身上，且灵感的验证也需要相关拥有相应知识能力的少数专家才能完成，故而相较于知识者长期的学习和研究，这种突然的灵感的作用则被认为是微不足道的。

此时，若知识者掌握该复杂知识链所需的资本投入不足，则发展知识链的知识要素禀赋便不具备。因而要发展资本密集型的知识链，应通过不断追加投资以保证投入资本能够满足团队掌握并研究该知识链的全过程的资本需要。

劳动密集型知识链与资本密集型知识链的划分如图3.6所示。设某知识链发展的函数为 $Z=f(X,Y)$ ，Z 为知识链发展速度，X 和 Y 分别代表一般知识劳动者数和投资资本量。其中，一般知识劳动者数指参与到该知识链发展中的一般知识者，而一般知识者的认定通常可根据该知识领域内一般知识链水平认证考核来实现。

劳动密集型知识链：$\dfrac{\partial f}{\partial X} \gg \dfrac{\partial f}{\partial Y}$

资本密集型知识链：$\dfrac{\partial f}{\partial X} \ll \dfrac{\partial f}{\partial Y}$

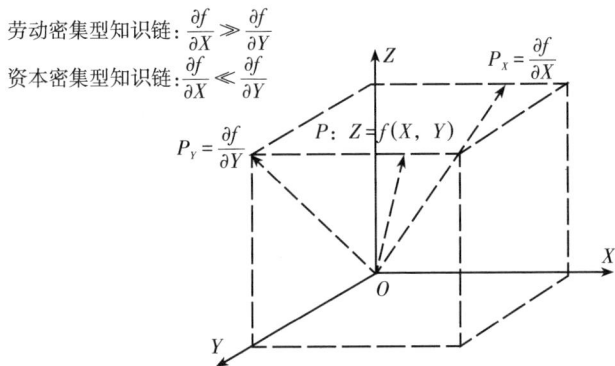

X——一般知识劳动者数；Y—投资资本量；Z—知识链发展速度

图3.6　劳动密集型知识链与资本密集型知识链的划分

当该知识链发展速度在任意点上其受一般知识劳动者数的影响大于投资资本量的影响，即 $\dfrac{\partial f}{\partial X} \gg \dfrac{\partial f}{\partial Y}$ 时，称该知识链为劳动密集型知识链；反之，当 $\dfrac{\partial f}{\partial Y} \gg \dfrac{\partial f}{\partial X}$ 时，该知识链为资本密集型知识链。一般情况下，知识链在不同发展阶段，其受一般知识劳动者数和投资资本量的影响程度不同，因此在考察知识链时，可根据知识链所处阶段的一般知识劳动者数或投资资本量的影响程度判断知识链的类型。

知识链的发展制约因素不是一成不变的。当一般知识者共识的知识链水平与当前知识链发展需要差距不大时，拥有发展知识链能力的知识者较多，此时，通过增加一般知识劳动者数可以增进知识交流，加快知识链发展的速度；但当一般知识者共识的知识链水平与当前知识链发展需要差距很大时，意味着该知识链的教育水平相对于知识链的发展是滞后的，完全掌握该知识链的人才极少，知识链掌握程度的不足对知识创新的阻碍是知识链发展的主要制约因素。此时，增加一般知识劳动者数对知识链发展的作用不大，而需要通过资本投入提高具备发展该知识链能力的少数人才或团队的研究效率。不过，随着知识链教育水平的提升，拥有发展知识链能力的知识者增多，该知识链的类型又将从资本密集型逐渐转为劳动密集型。

知识链类型的划分通常与知识链发展程度及知识链教育水平相关：一般情况下，在教育水平不变的情况下，知识链长度越长，意味着知识越复杂，学习成本越高，掌握知识链的人越少，知识链越有可能是资本密集型的；而知识链越短，意味着知识越简单，学习成本越低，掌握知识链的人越多，知识链越有可能是劳动密集型的。劳动密集型知识链的发展速度可以通过不断增加一般知识劳动者数来实现；资本密集型知识链由于单个知识者或团队的效率总是有上限的，因此其发展速度的提升总是有限的。因此，要提升知识链的发展速度，一个关键的思路便是将资本密集型知识链向劳动密集型知识链进行转化，这意味着知识链的教育水平需要随着知识链的发展而同步提升。

3.4 知识链的经济模型

3.4.1 产业知识链经济基础模型

在传统供需理论下，考虑理想情况，市场需求随商品价格上升而减少，供给随商品价格上升而上升，供需曲线相交使得市场出现均衡点，该均衡点对应商品价格。当达到均衡时，社会总效用实现最大化（图3.7）。

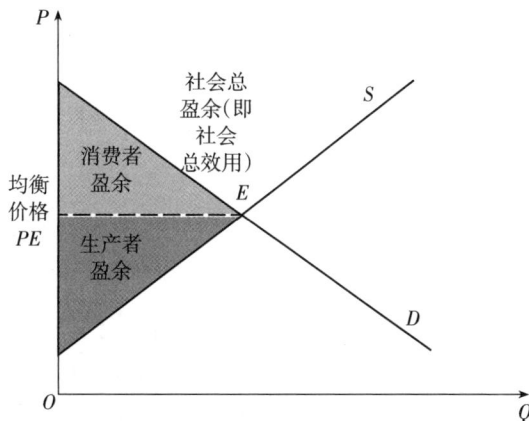

图3.7 供需关系与社会效用

由图3.8可知，当消费水平或生产率增加时，其对应的需求或供给曲线将向右平移，使得均衡点分别右移至 ED_1 和 ES_1 点，从而带动生产或消费的进一步扩大，推动经济的发展，社会总效益增加。其中，消费水平的调节最直接的手段是货币供应，如补贴的发放、工资福利待遇的调整等；生产率的提升主要通过产业创新，如生产手段的改进、组织能力的提升等。因此，通过使用货币政策或加大产业创新均能够促进经济的进一步发展及人民福祉的提升（图3.8）。

虽然产业创新和货币政策都能够促进经济的发展，但两者对市场的影响及产生的后果均存在差异：消费拉动促进了供应的增加，对生产率的提升没有直接影响，最终使得市场内商品的价格上升；产业创新驱动促进了需求的增加，但并不能直接作用于消费水平，最终使得市场内商品的价格下降。随着单一手段的不断作用，两者在推动经济发展的同时将带来愈加悬殊的价格差。

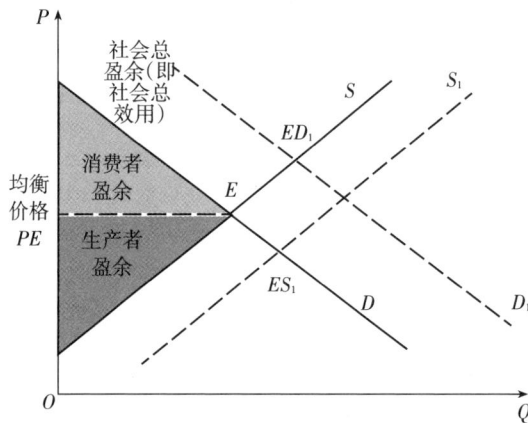

图3.8　货币政策与产业创新对经济的影响与差异

3.4.2　货币政策与产业创新相互作用模型

货币的增加同样能够促进供需平衡向右移动，与生产效率带来价格下降不同的是，货币的增加会导致价格的上升。当产业创新已经存在，在产业扩张空间内产业扩张便具有自生能力。此时，当某个区域内市场仍然处于较落后的生产效率且由于货币拉动导致极高的价格时，该区域市场便会面临被产业入侵的风险。

如图3.9所示，在初始状态下，产业供需平衡点为 P_0，此时设有两个区域市场A和B，市场A通过增加货币供应的方式带动经济发展，市场B通过产业创新的方式带动经济发展。当两区域市场供需达到平衡时，其供需总量相近，但价格存在巨大差异。这种巨大的价格差异使得B市场的企业拥有极强的套利动机。若此时两区域市场实现开放，则B市场内产业将快速入侵至A市场实现产业扩张，最终使供需平衡到达 P_{ci} 点。而若A市场试图进行本土产业保护，则不得不付出 $(P_e - P_i)$ 的额外补贴，从而抑制B市场向A市场进行产业扩张的自生能力。由此可知，相较于产业创新与扩张而言，通过增加货币的方式虽然看似取得的效果相似，但随着货币的不断增发，其抵御产业创新扩张的能力会越来越弱，结果是其累积的财富最终会被产业创新者所获取。可见，通过不断进行产业创新实现经济的繁荣才是可持续的，货币政策的效果是暂时的，最终还要回到产业创新上来。

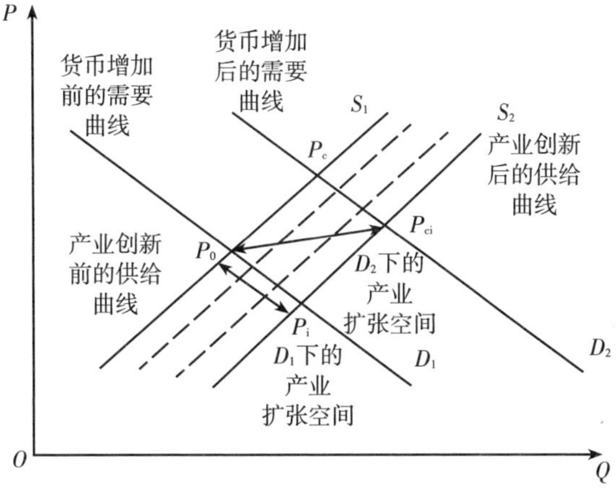

图3.9　货币政策与产业创新及扩张

考虑图3.9，在同一市场下，当市场内货币增加与产业创新同时发生时，两者共同作用会为产业扩张带来更大的空间，而价格的波动却能够减小。货币政策可以为产业创新提供更大的收益预期，从而促进产业创新的发展。

设产业创新的预期成本为 C_i，产业创新后的产业扩张空间总利润为 Pr_t，创新者可获得的产业扩张空间内的部分利润，设其系数为 δ（$\delta<1$），则其预期利润为 δPr_t。当 $\delta Pr_t > C_i$ 时，创新者便有动力进行创新，产业创新便具有自生能力。

当货币供应增加，产业扩张空间将进一步增大。此时，产业扩张空间总利润增加至 Pr_t'（$Pr_t' > Pr_t$），在其系数不变的情况下，产业创新的预期总利润增加，进而提升了产业创新的自生能力；反之，当该产业的货币供应减少，产业创新的自生能力则会受到抑制。

3.4.3　知识链发展的资本与劳动的制约因素模型

在知识链发展过程中，假设具备同样知识能力的团队或个人创新的概率是相同的，则在其他因素不变的情况下，通过不断增加参与知识链发展的知识，劳动者能够线性提升知识链的发展速度。在此将能够独立进行知识创新的团队或个人称为一个知识劳动单元，则每个知识劳动单元的知识创新概率是相等的。对于某知识链的发展，设一个知识劳动单元在单位时间内的知识创新概率为 P，则知识链的发展速度 V_{kc} 为 nP，其中，n 为参与知识链发展的知识劳动单元总数，即知识链发展速度与参与该知识链发展的知识劳动单元数成线性增长关系，其斜率为 P（图3.10）。

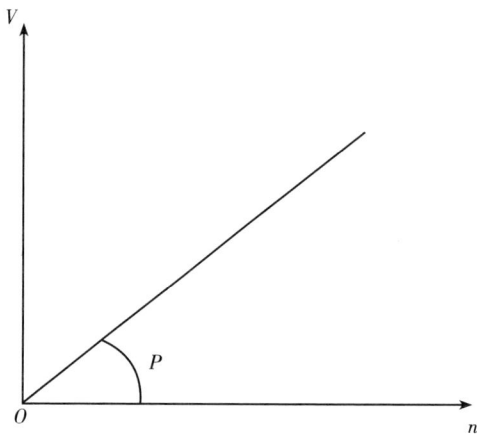

V—知识链发展速度；P—知识劳动单元创新概率；n—参与知识链发展的知识劳动单元数

图3.10　知识链发展速度与知识劳动单元数的关系

知识劳动单元知识创新的概率受到自身知识能力、激励水平和客观环境的影响。其中，自身知识能力的提升主要通过对既有知识链的学习和掌握来实现，激励水平的提升主要通过增加物质和精神投入提升知识劳动单元的主观能动性，客观环境的改善主要有提升环境舒适度及提高辅助设备性能等方式。这些可统称为知识资本投入。单个知识劳动单元的创新概率随着资本投入的增加而增加。考察知识劳动单元的创新过程，可分为知识链学习、知识链研究、知识链创新三个阶段。在知识链学习阶段，知识劳动单元主要是对既有的知识链内容进行学习、理解、掌握，此时所付出的成本为知识链的学习成本。在知识链学习过程中知识创新的水平较低，故知识学习的过程为不断投入的过程。知识链研究是知识劳动单元在逐渐掌握知识链后，对知识链发展可能性的一系列探索。知识链研究一般通过逻辑推演、实验、案例分析等方式对实际问题进行反复假设和求证，研究过程需要借助辅助设备和手段。在知识链研究阶段，实验环境、设备及数据信息等客观要素对知识创新影响显著，通过资本投入提高客观要素水平对知识链发展起显著促进作用。当知识链研究取得突破性进展、知识链发展方向大致确定时，便有众多相关研究成果不断涌现，从而不断完善既有成果，推动知识链向前发展，此时即进入知识链创新阶段。知识链创新往往伴随着产业的创新及其产生的经济效益，故当进入知识链创新阶段时，创新的自生能力更加容易形成。

知识链发展的固有规律决定了推动知识创新的努力不是一蹴而就或一劳永逸的。总体来看，资本的投入对知识劳动单元创新能力的促进是一个呈S形态的周期向上的过程：资本初期的投入多用于支付学习成本，对其创新能力的促进并不能立竿见影，但随着资本投入的增加，知识劳动单元的创新能力不断提升，资本成为推动其创新水平发展的主要力量。但当资本投入到一定程度时，知识链发展的主流方向逐渐确定，此时单个知识劳动单元的创新能力达到"天花板"，需要借助集体的力量增加创新涌现的频率（图3.11）。由于知识链的发展根本动力源于知识劳动单元，因此这种资本与知识劳动单元创新水平的S形关系决定了资本对知识链发展的促进关系也是呈S形的。

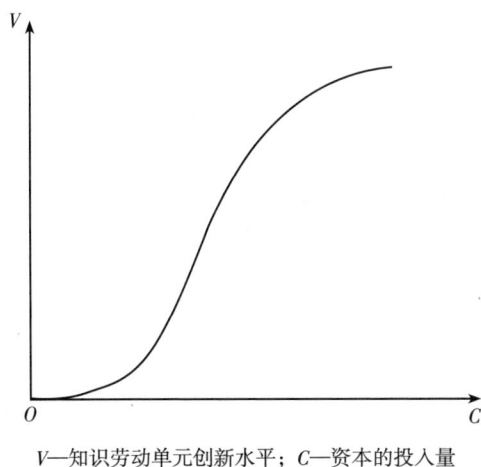

V—知识劳动单元创新水平；C—资本的投入量

图3.11 知识链发展速度与资本投入量的关系

杨武等在对资本投入与创新绩效的研究结果中发现，资本投入对技术创新绩效的影响先升后降，人员投入对技术创新绩效的影响先降后升。[①]该结论和

---

① 杨武，杨大飞，雷家骕.R&D投入对技术创新绩效的影响研究[J].科学学研究，2019，37(9): 1712-1720.

知识链发展的资本与劳动的制约因素模型的结论相一致：人员的投入需要支付学习成本，当更多的人掌握既有知识链，其整体的创新能力随人员的增加而不断增长；资本的投入主要提升知识链发展的客观环境水平与提供激励。随着知识链的发展，知识链的复杂程度更高，学习难度更大，对客观环境水平要求也更高，资本的投入带来的效益也会更加显著。但资本的投入具有上限，当客观条件满足时，知识劳动单元的数量再次成为制约知识创新的主要因素。

由图3.10和图3.11可知，知识链发展速度为知识劳动单元创新概率与知识劳动单元数的乘积，即 $V_{kc}=nP$，由于知识劳动单元创新水平受资本投入的制约，因此 P 的大小是以资本投入为自变量的函数，即 $P=f(C)$，故在单个知识劳动单元的条件下，当前知识链发展速度 $V_{kc}=P=f(C)$。此时，设 n 个单位的知识劳动单元所需的成本为 k，则决策者可考虑将 k 的成本用于知识劳动单元的增加，也可考虑将其作为资本投入到该单个知识劳动单元的研究工作中。当其用于知识劳动单元的增加时，知识链发展速度为 $V_{kc}=(n+1)P=(n+1)f(C)$；而当其用于该单个知识劳动单元的资本投入时，知识链的发展速度为 $V_{kc}=P'=f(C+k)$。此时，易知当

$$(n+1)f(C)\gg f(C+k) \tag{3.1}$$

该知识链为知识劳动密集型的；而当

$$(n+1)f(C)\ll f(C+k) \tag{3.2}$$

该知识链为知识资本密集型的。

由此可得，对于不同的知识链相关的产业，在受到总投资资本的制约下，决策者可以根据其性质和条件不同，合理对投资资本进行分配，从而实现投资效率的提升。

通过上述分析可知，劳动要素与资本要素是知识链发展的重要制约因素。当知识链需要进一步发展时，需要在已有知识要素禀赋的基础上投入劳动与资本，故知识的发展不仅需要知识要素禀赋的满足，还需要同时具备劳动要素禀赋与资本要素禀赋。劳动要素禀赋与资本要素禀赋的具备与否也同时受到知识要素禀赋的制约：当知识要素禀赋不具备时，发展知识链便需要更多的劳动与资本的投入，这种投入很可能耗费巨大，这使得在不同知识要素禀赋的地域内，劳动要素禀赋与资本要素禀赋的具备条件各不相同。同样的知识链，在A地的发展成本和在B地的发展成本可能出现巨大的差异。

3.4.4 知识流动与知识链发展成本模型

知识链是知识劳动密集型还是知识资本密集型取决于知识链的复杂度与掌握知识链的知识劳动单元的数量。由图3.10和图3.11可知，在知识创新的过程中，所需要采取的投入方式也是不同的。宏观条件下，可直接通过式（3.1）和式（3.2）确定知识创新投资策略。不过，知识链的类别并非一成不变的。知识链越向前发展，越需要更多资本的支撑，知识链有可能由劳动密集型转向资本密集型；而当地区教育水平提高、知识劳动者的整体知识水平上升时，原有的需要大量资本推动才能实现创新的知识链，有可能随着更多人的加入而降低对资本的需求程度，知识链有可能由资本密集型转向劳动密集型。为了深入分析知识链的发展成本，根据知识链发展的资本与劳动的制约因素模型，可将知识链发展成本分为知识链学习成本 C_{kl}、知识链研究成本 C_{kr} 及知识链创新成本 C_{ki}。此时，知识链发展的总成本为

$$C = n_1 C_{kl} + n_2 C_{kr} + n_3 C_{ki} \tag{3.3}$$

其中，n_1，n_2，n_3 分别为参与各个阶段的知识劳动单元数，且默认为各阶段下的知识劳动单元已经具备了同等的前置条件。

知识流动是降低知识链学习成本的一种重要方式。当掌握知识链的知识劳动单元数为0时，通过投入资本以支付掌握知识链所需构建的各类辅助条件是必要的；但当已经有知识劳动单元掌握了知识链时，便可考虑通过知识流动的方式（如授课、交流、共同实验等）使更多单元掌握该知识链，而不必再次投入大量资本进行条件构设。但知识流动本身存在成本，其成本遵循市场供求规律。即当供大于求时，价格下降；而当供小于求，则价格上升。为简化模型，在此设知识流动摩擦系数 ξ，其大小与既有掌握知识链的知识劳动单元数量和知识流动市场的开放程度相关。掌握知识链的劳动单元数量越少，市场越不开放，知识流动越困难，成本越高，摩擦系数越大；掌握知识链的劳动单元数量越多，市场越开放，知识流动越容易，成本越低，摩擦系数越小。

知识流动摩擦损耗使知识流动成本增加。设无摩擦情况下知识流动成本为 C_{kf}，则摩擦损耗条件下同样水平的知识流动所需的成本为 $C_{kf}(1+\xi)$。设知识劳动单元不借助知识流动掌握知识链所需的学习成本为 C_{kl}，则当 $C_{kl} > C_{kf}(1+\xi)$ 时，通过知识流动的方式即可降低知识链学习成本。

考虑知识流动的影响，由于知识流动摩擦系数受市场开放程度与掌握知识

链的知识劳动单元数量的影响，一般情况下，摩擦系数会随着市场上掌握该知识链的知识劳动单元数的增加和市场开放程度的扩大而降低，故设在一个市场环境内，当掌握知识链的知识劳动单元数为 m，$C_{kf}(1+\xi_m) > C_{kl} > C_{kf}(1+\xi_{m+1})$ 时，则可利用知识流动的方式降低知识学习成本。此时，降低学习成本后的知识链发展的总成本为

$$C = mC_{kl} + (n_1 - m)C_{kf}(1+\xi_{aver}) + n_2 C_{kr} + n_3 C_{ki} \tag{3.4}$$

其中，ξ_{aver} 为知识流动的平均摩擦系数。在式（3.4）中，知识链研究阶段的发展速度受资本投入的影响最大，原因在于该阶段对客观环境水平的要求是最高的。当知识链发展进入知识链创新阶段后，知识创新的方向已经明晰，所需的资本投入也逐渐减少。

3.4.5 产业创新成本模型

产业创新的自生能力由产业创新预期利润与产业创新预期成本决定。产业创新预期利润为货币政策调节下的产业扩张空间内的部分利润，即 $\delta Pr_t'$，产业创新成本则可分为基础知识创新成本与产业知识创新成本两方面讨论。

基础知识创新指对一般科学规律的研究进展，如各类数学定理、物理定律及经济学理论的发展等。这些研究往往需要严谨的推导和大量的实践案例作为支撑，成本较高，却很少能够直接被单独应用以产生效益。不过基础知识创新构成产业知识创新的知识要素禀赋，因而其成本是必不可少的。

产业知识创新指在既有基础知识的基础上，对各知识元进行链接和整合，并应用于对应的产业，从而促进生产率的提升。产业知识创新的成本取决于知识链接和整合的难度，这种难度随着产业知识链的复杂度和当前产业知识链的发展程度而变化。产业知识创新可直接应用于产业进而产生收益，如专利等，故较之基础知识创新，企业多倾向于进行产业知识创新。

设产业创新成本

$$C_i = C_{bk} + C_{ik} + N \tag{3.5}$$

其中，C_{bk} 和 C_{ik} 分别为基础知识创新成本和产业知识创新成本，N 为其他知识外成本（一般为常数），故产业创新成本为基础知识链发展所需的学习成本、研究成本、创新成本及产业知识链发展所需的学习成本、研究成本、创新成本之和与其他知识外成本的累加。随着知识链的不断发展，这种成本往往是

很高昂的。对于企业而言，在已知产业创新预期利润的情况下，尽量规避承担基础知识创新成本并降低产业知识创新成本是最为理性的选择。因此，不断加大基础知识链发展投入从而充实知识要素禀赋，同时加强知识流动以降低知识链接和整合的成本，能够增加产业创新的涌现概率。

3.4.6　创新自生能力模型与知识分工的成本优势和风险

由货币政策与产业创新的相互关系及产业创新成本模型可知，创新自生能力的生成取决于货币政策下产业创新带来的利润预期能否支付创新成本，即 δPr_t 是否大于 C_i。又知 δPr_t 受到市场与货币政策调节的影响，即

$$\delta Pr_t = f(M,\ p) \tag{3.6}$$

其中，M 为市场因素，p 为货币政策因素。则可得创新具备自生能力的条件为

$$f(M,\ p) > C_{bk} + C_{ik} + N \tag{3.7}$$

将式（3.4）代入，则式（3.7）可化为

$$f(M,\ p) > m_b C_{bkl} + (n_{b1} - m_b) C_{bkf}(1 + \xi_{baver}) + n_{b2} C_{bkr} + n_{b3} C_{bki} +$$
$$m_i C_{ikl} + (n_{i1} - m_i) C_{ikf}(1 + \xi_{iaver}) + n_{i2} C_{ikr} + n_{i3} C_{iki} + N \tag{3.8}$$

由式（3.8）可知，创新是否具备自生能力受市场与货币政策及创新既有要素禀赋两个方面的影响。前者决定了创新的收益激励，后者决定了创新的成本。进一步地，创新成本的控制与知识流动的顺畅程度、知识链的发展程度、知识资本投入、知识劳动者数量和知识劳动者的素质均具有较大关系。因此，在鼓励创新时，应首先判断知识链的类型、发展程度及现有知识劳动单元的数量和素质，再确定资本投入的方式；同时，还应改善知识流动环境，降低知识流动摩擦。由于知识劳动者素质对创新的发展具有深远影响，故从长远考虑，发展基础教育对提高全民素质具有重要意义。

随着知识链的不断发展，单个知识劳动单元掌握全知识链越来越不可行，知识分工的重要性愈加凸显。知识分工的优势与斯密提出的产业分工带来的优势类似，能够极大地提高知识劳动的效率，但与产业分工带来的交换风险所对应，知识分工也会因知识流动摩擦的存在而产生风险。

已知知识流动的成本为 $C_{kf}(1+\xi)$，知识链学习成本为 C_{kl}。在知识分工下，合作者只专注于自身的知识，并通过支付知识流动成本而避免知识链学习成本的支出。一般情况下，知识流动顺畅时，知识流动成本远低于知识链的学

习成本，此时，知识分工带来的收益为

$$\sum_{i=1}^{n}\left(C_{\mathrm{kli}}-C_{\mathrm{kfi}}(1+\xi_i)\right) \tag{3.9}$$

其中，n 为知识分工环节数。

这意味着在知识流动畅通的环境下，知识分工的不断细化会大量降低知识链发展成本，从而带来知识链发展的成本优势。但若在某些情况下，知识流动受到限制，则知识流动摩擦加大，知识流动的成本便会快速上升，甚至远超于学习成本。极端情况下，当 $\xi \to \infty$ 时，知识流动成本趋于无穷。此时，知识劳动单元不得不重新选择支付知识链学习成本。随着知识链的发展，知识链学习成本将不断上升。在现有竞争压力下，这种成本支付很可能因竞争对手创新而难以获得收益，且不得不面临二次成本乃至多次成本再支付，使得知识创新长期无法形成自生能力。因此，发展知识分工，必须考虑知识流动的稳定性。若知识顺畅流动的稳定性无法保证，则应注重自主知识链的学习掌握，避免过度依赖当前知识流动而造成风险积累。

3.5 基于知识链的企业创新选择模型

按照企业一般经营原则，企业创新的根本动机是盈利。因此，创新行为的实施需要遵循收益大于支出的原则，即 $I_{\mathrm{ie}} > C_{\mathrm{ie}}$，其中，$I_{\mathrm{ie}}$ 代表创新的预期收益，C_{ie} 代表创新的预期支出。

3.5.1 预期成本模型构建

根据知识链理论，企业持续稳定的产业收益源于自身知识链产业化的结果。当企业试图进行创新行为时，其本质是对其知识链进行发展并将其产业化的过程。因此，当企业需要推出某种新产品、新技术或者新模式时，通过考察其创新目标所需知识链与当前所拥有的知识链的差异，并计算知识链发展各环节及产业化所需的成本，即可完成企业创新成本的计算。

在知识链考察阶段，知识链可表示为知识环节的集合。设企业创新目标知识链为 C_{t}，当前知识链为 C_{p}，则易知所需发展的知识环节 C_{d} 为 C_{p} 对于 C_{t} 的差集，即

$$C_d = C_t - C_p \tag{3.10}$$

根据创新的二元性理论，对于集合 C_d 中的每个知识环节 K_i，其掌握成本可分为探索式成本 S_e 和利用式成本 S_u，即

$$K_i = S_e + S_u \tag{3.11}$$

其中，利用式成本可在市场中获得，探索式成本则可依据知识链理论表示为劳动要素投入 I_w 和资本要素投入 I_m 之和，即

$$S_e = I_w + I_m \tag{3.12}$$

在式（3.12）中，知识环节作为知识链上的一点，其创新获得的速度 V_e 取决于劳动要素投入和资本要素投入的共同作用，即 $V_e = f(I_w + I_m)$。因此，决策者可根据实际需要调整要素投入比例以实现最优投入比。其具体方法为：

已知该知识链的一般知识劳动者的知识水平为 C_w，则在进行探索式知识创新前，一般劳动者需先将自己的知识链发展为企业既有的进行该探索所需的前置知识链水平 C_{pi}。这个过程所产生的成本全部为利用式成本 S_{ui}，且可由企业自身管理所调节。当一般劳动者具备进行探索所需的知识链后，即可进行探索式创新。不考虑个人差异，在某知识环节的探索中，单位知识劳动者在单位时间内"灵光一闪"的创新概率可设置为恒定值 P，而资本要素具备程度直接影响知识者的创新条件：当资本要素完全不具备时，创新活动没有依托，创新概率极小；当资本要素完全具备时，创新活动则完全取决于知识者要素投入 I_w。故当资本要素逼近完全具备时，追加资本要素投入便没有效率。根据资本要素的投入特性，可设对于单位知识劳动者，资本要素投入情况 I_m 与其创新概率 P_i 的函数为

$$P_i = \frac{P}{1 + k^{-(I_m - n)}} \quad (k > 1, \ n > 0, \ I_m \geqslant 0) \tag{3.13}$$

其中，k 和 n 为常数，其值往往受到知识链行业特性和实施创新所需的知识链的复杂程度的影响。行业对资本投资越敏感，k 值相对越大，创新能力的增长更易受资本投入制约；知识链越复杂，n 值越大，所需的资本要素投入也往往越高。

当知识劳动者增加时，有必要保证更多的设备、场地等资本要素以满足知

识劳动者的需要，故资本要素所需投入随着劳动要素的投入而增加。设该影响因子为 δ，则

$$V_e = f(I_w + I_m) = \frac{I_w P}{1 + k^{-(I_m - \delta I_w n)}} \quad (k > 1,\ n > 0,\ \delta > 0,\ I_m \geqslant 0,\ I_w \in \mathrm{N}^+)$$

(3.14)

由式（3.14）可知，企业要想实现快速创新，必然需要更多劳动要素和资本要素的投入，而劳动要素的投入必须与资本要素的投入相匹配。当劳动要素投入过多、资本要素投入过少时，资本要素缺失造成创新效率低下，甚至有可能造成投入越多创新越受到抑制的情况；当劳动要素投入过少、资本要素投入过多时，创新绩效受到少部分人的制约，资本要素的投入缺乏效率。

不同的创新速度下，企业实现所有知识链环节创新所付出的时间成本不同。企业可通过考察既有知识链增长所需的历史时间估算实现目标环节知识增长所需的时间。设不同知识环节在其创新速度 V_{ei} 下所需的时间为 T_i，设成本影响因子为 μ_i，则此时时间成本为 $\mu_i T_i$。当创新速度确定后，决策者可通过调整劳动要素投入和资本要素投入获得最优的投入量，此时劳动要素投入成本可表现为薪资支出 $I_{wi} T_i W$，其中 W 为单位时间的一般薪资水平。以此类推，企业实现知识链全要素创新所需的成本为

$$C_d = \sum K_i = \sum \left(I_w T_i W + I_m + S_u + S_{ui} + \mu T_i \right)_i$$

(3.15)

3.5.2　预期创新收益模型

企业的预期收益一般分为政策性收益 EI_P 和市场性收益 EI_M，政策性收益取决于政府部门施行的产业政策力度与评价方式，其收益往往是可预期的。市场性收益则又可分为探索式收益 EI_e 和利用式收益 EI_u。利用式创新主要是通过利用已有的基础知识链水平创新发展产业知识链，进而实现产业创新，企业所需支出的成本也基本为利用式成本。利用式收益主要通过释放市场潜能获得收益，市场潜能可以通过行业市场分析获得。设市场规模释放潜力为 M_e，利用式创新发生后，市场潜力随之逐渐释放。随着时间的推移，更多的投资加入其中，市场潜力释放的速度加快，在 T_{max} 时间实现完全释放。但与此同时，由于存在市场竞争，且利用式创新因不存在技术壁垒而极易模仿，企业之间相互争夺市场份额，导致各自收益下降。企业实施利用式创新的行为模式遵循林毅夫对"潮涌现象"的解释模型。

探索式收益受其现有辐射市场的制约。企业辐射的市场越大，其创新产品的受众也会越多，预期收益则越高。在区域市场内，创新往往带来新的市场，这部分可称为市场规模的创新增量，记为 M_i。则创新后的预期市场规模 M_e 为创新前现有行业知识链水平下的市场规模 M_c 与创新带来的市场规模增量 M_i 之和，即

$$M_e = M_c + M_i \qquad (3.16)$$

探索式创新行为的实施同样能够帮助企业抢占更多的市场份额，其市场份额的获取能力取决于创新带来的竞争力本身。设企业当前市场份额为 σ_c，创新后预期获取的市场份额为 σ_e，则企业可获得的探索式创新收益预期为

$$EI_e = \sigma_e M_e - \sigma_c M_c = (\sigma_e - \sigma_c)M_c + \sigma_e M_i \quad (0 \leqslant \sigma_c < \sigma_e < 1) \qquad (3.17)$$

探索式创新由于产生了新的知识，企业可以通过知识保护以维持长时间的竞争优势。当该知识保护门槛消失，企业旋即进入与后发利用式创新企业的竞争当中。因此，企业实施探索式创新的动机取决于其在进入利用式创新竞争前能否获得足以覆盖其实施探索式创新行为的成本。

3.5.3　企业的创新选择

企业创新分为探索式创新和利用式创新。探索式创新作用于基础知识链，能够产生新的知识，形成技术壁垒，但创新成本较高且不易估计；应用式创新作用于产业知识链，不能形成技术壁垒，但创新成本较低且可以控制。因此对于一般企业，尽可能地进行利用式创新具有更高的性价比。根据预期创新收益模型，由于利用式创新的收益源于市场潜能的释放而非市场的创造，故当市场逐渐饱和，利用式创新便难以实施。可见，企业必然转向探索式创新，以实现进一步发展。

企业的探索式创新必然伴随应用式创新。探索式创新的实施动机源于其在进入利用式创新竞争前获得的收益足以覆盖研发成本，而企业的收益 EI_e 往往可从市场的调研中进行预测，因此企业探索式创新的重点在于控制成本，即

$$EI_e > \sum (I_w TW + I_m + S_u + S_{ui} + \mu T)_i \qquad (3.18)$$

由式（3.18）可知，企业所拥有的知识链越接近目标知识链，企业需要进行创新的环节越少，创新的成本就越低，且越容易控制。同时，企业创新的时

间越短，人力资源成本和时间成本便越小。由式（3.14）可知，企业提高创新速度需要增加劳动要素和资本要素的投入，而在给定创新速度的情况下，企业对各资源的投入存在最优解。设 $V_{ei}T_i = N_i$（其中 N_i 为常数，由各知识环节的创新复杂度决定），联立式（3.14）和式（3.18）可求得最优解为

$$I_{mi} = \left[\log_k N(I_w W + \mu)\ln k + \delta I_w n - \log_k I_w P\right]_i \tag{3.19}$$

$$V_{ei} = \left[\frac{I_w P N(I_w W + \mu)\ln k}{I_w P + N(I_w W + \mu)\ln k}\right]_i \tag{3.20}$$

$$C_d = \sum K_i = \sum \left[\frac{I_w P + N(I_w W + \mu)\ln k}{I_w P \ln k} + I_m + S_i\right] \tag{3.21}$$

根据式（3.19）、式（3.20）、式（3.21），企业在实施探索式创新行为前，应首先判断创新的预期收益是否能够覆盖成本。企业的创新成本由目标知识链水平与当前知识链水平的差异、知识链的复杂程度、需要探索创新的知识环节在知识链上的位置、行业知识链的特性、一般知识劳动者的知识链水平，以及劳动和资本要素的投入共同决定。企业在作出探索式创新决定前，应首先考虑通过利用式创新弥补当前自身知识链水平的不足，减少需要探索式创新的知识环节。同时，要审慎评估市场环境，严谨地判断创新收益预期。若条件不具备，企业不应盲目进行创新行为，避免落入创新陷阱，而是应尽量采用利用式创新，为以后探索式创新积累条件。

知识链的复杂度在支撑产业的同时决定了知识成本，因此越复杂的知识链所需的要素投入规模自然更大。企业要想实现长久的发展，必然需要进行持续的一定规模的要素投入，以实现知识链的进一步创新。企业在作出创新决定前，可利用知识链分析模型确定创新知识环节，并根据行业特性和复杂度评估要素投入，并做好人员知识链培训。在实施创新行为时，应平衡劳动要素与资本要素的投入，以优化创新成本。

3.6 对知识链理论模型的数据验证

3.6.1 知识链水平与企业规模关系分析

根据知识链理论模型，企业的知识链水平必须与企业的发展规模相匹配。

企业规模过大，知识链水平过低，则意味着企业缺乏足够的创新能力以支撑其规模，难以抵御市场变化带来的竞争需要；反之，则意味着企业缺乏将知识链产业化的能力，其创新带来的效益很可能无法覆盖其成本。其有效性可通过考察企业资产规模与研发投入进行验证：健康企业的研发投入随资产规模的增长而增长，以保持其持久的竞争力。

本书选取 A 股市场制造业 2066 家企业 2017—2020 年的经营数据进行分析，其资产规模对研发投入影响的线性回归分析如表 3.1～表 3.4 所列。

表3.1 2017年企业资产规模对研发投入的影响

线性回归分析结果 $n = 2066$									
	非标准化系数		标准化系数	t	P	VIF	R^2	调整 R^2	F
	B	标准误	Beta						
常数	14238512.029	6586145.770	—	2.162	0.031**	—	0.762	0.762	$F = 6608.11$ $P = 0.000^{***}$
资产总计/元（2017年年报合并报表）	0.019	0	0.873	81.29	0.000***	1.000			
因变量：研发支出合计/元（2017年年报）									

注：***，**分别代表1%，5%的显著性水平。

表3.2 2018年资产规模对研发投入的影响

线性回归分析结果 $n = 2066$									
	非标准化系数		标准化系数	t	P	VIF	R^2	调整 R^2	F
	B	标准误	Beta						
常数	6668354.64	7636144.635	—	0.873	0.383	—	0.797	0.797	$F = 8104.567$ $P = 0.000^{***}$
资产总计/元（2018年年报合并报表）	0.022	0	0.893	90.025	0.000***	1.000			
因变量：研发支出合计/元（2018年年报）									

注：***代表1%的显著性水平。

表3.3　2019年企业资产规模对研发投入的影响

线性回归分析结果 $n = 2066$

	非标准化系数		标准化系数	t	P	VIF	R^2	调整 R^2	F
	B	标准误	Beta						
常数	28383642.827	8635259.709	—	3.287	0.001***	—	0.77	0.77	$F = 6899.038$ $P = 0.000***$
资产总计/元（2019年年报合并报表）	0.022	0	0.877	83.06	0.000***	1.000			

因变量：研发支出合计/元（2019年年报）

注：***代表1%的显著性水平。

表3.4　2020年企业资产规模对研发投入的影响

线性回归分析结果 $n = 2066$

	非标准化系数		标准化系数	t	P	VIF	R^2	调整 R^2	F
	B	标准误	Beta						
常数	35641862.372	9425791.960	—	3.781	0.000***	—	0.767	0.767	$F = 6781$ $P = 0.000***$
资产总计/元（2020年年报合并报表）	0.021	0	0.876	82.347	0.000***	1.000			

因变量：研发支出合计/元（2020年年报）

注：***代表1%的显著性水平。

据表3.1至表3.4可知，健康企业的资产规模显著影响其研发投入。为进一步验证该模型的有效性，本书对市场上的ST企业进行了资产规模与研发投入的回归分析。分析表明，ST的资产规模对研发投入没有明显影响。该分析说明，对于经营不善的企业，其知识链水平与企业规模不匹配，进一步证明了该模型的有效性。

3.6.2　企业创新速度与知识要素投入分析

知识链模型认为，知识要素投入的匹配程度将影响知识创新速度，进而影响知识创新成本，故企业的创新投入存在最优路径。为验证该结论，本书基于式（3.14）构建知识要素投入匹配值，并分析其对企业当年申请发明专利数的影响（表3.5～表3.8）。

表3.5　2017年知识要素匹配值对专利申请的影响

线性回归分析结果 $n = 2002$

	非标准化系数		标准化系数	t	P	VIF	R^2	调整 R^2	F
	B	标准误	Beta						
常数	−5.162	3.306	—	−1.561	0.119	—	0.281	0.281	$F = 783.484$ $P = 0.000^{***}$
2017年知识要素匹配协调值	0.214	0.008	0.531	27.991	0.000***	1.000			

因变量：2017年专利申请（2017年年报）

注：***代表1%的显著性水平。

表3.6　2018年知识要素匹配值对专利申请的影响

线性回归分析结果 $n = 2002$

	非标准化系数		标准化系数	t	P	VIF	R^2	调整 R^2	F
	B	标准误	Beta						
常数	−8.832	4.345	—	−2.032	0.042**	—	0.265	0.265	$F = 722.774$ $P = 0.000^{***}$
2018年知识要素匹配协调值	0.241	0.009	0.515	26.884	0.000***	1.000			

因变量：2018年专利申请（2018年年报）

注：***，**代表1%，5%的显著性水平。

表3.7　2019年知识要素匹配值对专利申请的影响

线性回归分析结果 $n = 2002$

	非标准化系数		标准化系数	t	P	VIF	R^2	调整 R^2	F
	B	标准误	Beta						
常数	−10.862	4.581	—	−2.371	0.018**	—	0.246	0.245	$F = 650.771$ $P = 0.000^{***}$
2019年知识要素匹配协调值	0.227	0.009	0.495	25.51	0.000***	1.000			

因变量：2019年专利申请（2019年年报）

注：***，**分别代表1%，5%的显著性水平。

表3.8　2020年知识要素匹配值对专利申请的影响

线性回归分析结果 $n = 2002$									
	非标准化系数		标准化系数	t	P	VIF	R^2	调整 R^2	F
	B	标准误	Beta						
常数	−3.729	2.462	—	−1.514	0.130	—	0.205	0.205	$F = 517.124$ $P = 0.000$***
2020年知识要素匹配协调值	0.100	0.004	0.453	22.740	0.000***	1.000			
因变量：2020年专利申请（2020年年报）									

注：***代表1%的显著性水平。

通过对2002家企业的分析表明，知识要素投入的匹配程度对专利申请具有显著影响。通过与研发投入和研发人员数量对专利申请的影响程度相比较，该变量对专利申请具有更好的解释能力（表3.9～表3.10），进而验证了模型的有效性。

表3.9　2020年研发投入对专利申请的影响

线性回归分析结果 $n = 2002$									
	非标准化系数		标准化系数	t	P	VIF	R^2	调整 R^2	F
	B	标准误	Beta						
常数	−1.389	2.552	—	−0.544	0.586	—	0.149	0.149	$F = 350.024$ $P = 0.000$***
研发支出合计/元（2020年年报）	0	0	0.386	18.709	0.000***	1.000			
因变量：2020年专利申请（2020年年报）									

注：***代表1%的显著性水平。

表3.10　2020年研发人员数量对专利申请的影响

线性回归分析结果 $n = 2002$									
	非标准化系数		标准化系数	t	P	VIF	R^2	调整 R^2	F
	B	标准误	Beta						
常数	−2.474	2.581	—	−0.958	0.338	—	0.145	0.144	$F = 338.017$ $P = 0.000$***
研发人员人数（2020年年报）	0.025	0.001	0.380	18.385	0.000***	1.000			
因变量：2020年专利申请（2020年年报）									

注：***代表1%的显著性水平。

第4章　知识链视角下的李约瑟问题再考察

4.1　知识的需要使人类文明的起点几近相同

当从石器时代开始考察远古人类知识链的发展时，会发现一个特别有意思的现象：虽然在不同大陆上的文明几乎不会有什么思想上的交流，但是其知识链的发展方向都出奇的一致。人们往往从石器、骨器、用火、取火出发，随后掌握了捕猎用的弓箭、陷阱、结网等技术。然后随着人们开始豢养动物，进行纺织，创造文字、图腾，烧制青铜器，发展医学、农学、天文学、数学，不断改进技艺，修建建筑，慢慢衍生出更加复杂的知识体系。这样的路径不仅发生在亚欧大陆，同样发生在远在海外的美洲，甚至只要是有文明出现的地方，其在原始初期几乎都是循着这样的路径向前发展的。通过将中国文明与古希腊文明进行比较，可以发现这种发展轨迹似乎一直持续到了公元前500年左右。

如果说某一两种文明知识的发展轨迹发生重合有可能仅仅是巧合，那么这种长期的、大量的文明知识的发展轨迹发生重合只能说明一个问题，那便是知识的发展是有规律可循的。根据知识链理论的视角，任何一个知识环节都不是突然出现的，一种文明出现某个知识环节，要么是从外部直接引进，要么一定是文明具备了支撑其知识环节出现的前置知识。在远古时期，文明之间的交流几乎不可能，那么知识环节出现便一定是文明对知识链的不断继承和发展的结果。而不同的文明不约而同地选择了知识的发展方向，只能说明这些知识是极大地满足文明需要的知识。而在人类发展的初期，最大的需要便是生存的需要。人们需要食物来维持生命，需要衣物来御寒，需要医生来治疗疾病，需要组织起来以保证行动的统一。在这样的需求下，人们自然会选择发展能够帮助猎取动物的工具，选择使食物更加美味易消化的方法，同时选择能够用作进攻和防御的火，选择帮助人治愈疾病的医术，以及方便沟通和实现统一认知的文字和图腾。进一步地，人们在开始豢养动物、种植作物后，对计数的需求和对天气变化规律的需求也进一步加强了，故数学和天文学也开始慢慢发展起来。由于人们生存的需要都是一致的，自然知识链的发展也高度重合。但这种重合也存在细节上的差异，如古埃及的铁器就迟迟无法诞生，反而是建筑、天文、医学等方面快速发展。而这种变化正是被其所处的地理环境所影响。受惠于尼罗河带来的肥沃的土地，古埃及人对铁器的需要并不那么紧迫，反而是需要尽快弄清楚尼罗河泛滥的规律，衣食无忧的法老们也开始考虑怎么样才能使自己统治千秋万代，如何才能有效约束自己的人民和奴隶。这样一来，医学和宗教也快速发展了起来。与古埃及相似，我们也可以从不同的文明中找到各自在不同环境约束下所呈现出的一些特色，而这也恰好与地理环境影响论相契合。

通过对远古时期人类知识链发展历程的考察，可以得出这样一个结论：文明的知识是在继承与发扬中拾阶而上的，但文明之所以不约而同地选择了近乎相同的继承方向，根本原因在于其现实需要。不同文明的知识链之所以会略显不同，原因也是其所处的环境影响了现实需要，使得不同文明在知识链的发展中呈现出各自的特色。在之后的考察中我们也可以发现，需要的变化对文明知识链的演进方向的影响是巨大的，甚至是起决定性作用的。而且，现实需要对知识链发展方向的这种选择性影响是一以贯之的。欧洲的科技革命，本质上是现实需要引导下的技术发展。在此，我们便可以作这样一个论断，即任何的知识发展，本质都是现实需要引导下的，在原有知识支撑之上的有方向性的知识探索与创新。知识的出现需要具备两个最基本的要素：一是存在现实需要，二是具备知识支撑。从经济的角度来看，这两个要素一个决定了收益，另一个则决定了成本。

4.2 中国的知识链发展与经济活力

4.2.1 渐进式改革成功的知识链视角

一定程度上讲，我国经济的起步与对苏联工业技术和经验的引进与吸收，以及以钱学森为代表的科学家的回归有一定的关系。与苏联的快速发展类似，我国在引进知识链后，利用制度优势快速进行产业扩张和知识要素禀赋的培养，使得我国即使在最艰难的时期仍然集中力量完成了"两弹一星"的壮举。

党的十一届三中全会正式确立了改革开放政策，利用市场的力量对供需关系进行修正。而与俄罗斯采取"休克疗法"不同的是，我国从供给侧开始通过渐进式的改革，以满足人民生活需要为先期目标，逐步发挥市场的有效性，从而取得成功。

知识链的发展能提升区域的竞争优势，而由于知识链不断发展，知识的类型逐渐从知识劳动密集型转向知识资本密集型，因而国家竞争优势的保持需要以资本积累为支撑。"休克疗法"以修正市场扭曲为目标，忽视了维持知识链发展自生能力的重要性，使得既有的知识资本密集型产业失去了自生能力，阻碍了其知识链的发展，进而使人才逐渐流失。而渐进式的改革从实际出发，通过提升劳动者积极性增加供给的方式逐渐修正被扭曲的供给关系，使得通过付出尽可能少的代价恢复市场的调节机制，保住既有的知识成果。在此期间，无论是扩大赤字规模进行投资，还是出口创汇与招商引资，虽然因各种因素制约带来了一系列复杂的问题，但都从客观上稳定甚至促进了产业的发展。这使得我国在改革时期不仅没有像俄罗斯那样出现知识流失，反而发挥劳动力优势使前期处于知识劳动密集型的知识链不断发展，同时，知识链的发展带来的生产力和生产效率的提升也为资本的积累奠定了基础，资本的积累则为知识链在进入知识资本密集型后的发展提供了支撑。在这种良性循环的帮助下，我国实现了40多年的高速增长，创造出令人瞩目的"中国奇迹"。

4.2.2 新常态与改革路径选择

直至今日，中国经济进入"新常态"，从知识链发展的角度，其原因在于既有知识链产业大部分已然从知识劳动密集型转向知识资本密集型，而在进入知识资本密集型阶段后，知识链的发展不得不通过不断加大投入来维持，随着知识链发展困难的提升和投入的加大，知识链的发展带来的生产效率的提升所创造的财富很可能难以弥补投入成本，知识链发展的自生能力在逐渐丧失，带来的结果是社会生产效率难以进一步提升，人们只能在既有的条件下进行宏观上的"零和博弈"。目前看来，世界各国都面临着相似的挑战，而率先破除这一困境，再一次实现知识链快速发展的国家无疑将在未来的竞争中获得优势。

解决知识链的发展问题，一个思路是加大资本的投入力度，另一个思路便是将知识资本密集型产业再度向知识劳动密集型产业转化。相较于美国的资本优势，我国拥有庞大的具备一定知识水平的劳动者。在过去的一段时间里，世界知识链水平整体向前发展，知识链的环节逐渐增加，知识链越来越长，反映到产业上，便是对人才的种类、层次提出了更多的需求。但是，受限于以往的教育体系，大量的年轻毕业生掌握的知识较为同质化，且更多属于通用知识，致使一些毕业生不能直接胜任复杂的专业工作，需要投入二次学习成本。而一般知识工作又有大量的人可以胜任，人才供给远大于需求。要实现知识资本密集型向知识劳动密集型的转化，必然是通过教育改革、产业改革等方式，有针对性地差异化发展公民基础知识链和实现组织已有知识链的革新，进而大幅增加掌握先进知识的人数和组织数，降低既有知识链发展的资金成本和时间成本。我国当前进行的供给侧结构性改革，其一个重要作用便是引导企业引进先进知识链，从而在提高当前产业生产效率的同时，进一步增加具备先进知识的企业数量，从客观上降低知识链发展的成本，维持知识链发展的自生能力，进而为我国实现经济的进一步增长提供有效动力。而教育体制改革，也正是面向解决专业人才培养问题尤其是中高端专业人才培养问题的一项重要举措。

第5章　知识链对发展问题的一般通解

5.1　知识链与评价体系

5.1.1　知识的价值和价格

参照马克思政治经济学的观点，价值就是凝结在商品中无差别的人类劳动，它是客观存在的，其值相对稳定，不以外部的供需变化而波动。价格一般被认为是商品在市场环境中供需博弈下形成的平衡值，其随着供给和需求的变化而变化。在此定义下，知识链理论认为知识的价值本质上是知识链的价值，而知识链的价值决定于该知识链指导下的产业化所带来的效益的总和。一般情况下，孤立的知识元由于无法独立支撑产业，故其不存在价值。不过，知识元可以有价格。由于知识元是构成知识链的最小单元，因此当知识链存在断点时，断点处缺失的知识元将阻碍整条知识链价值的形成。此时，市场的供需规律发挥作用，对该知识元的迫切需求和知识元供给的缺失会导致该知识元的价格上升。知识元的最高价格不会超过一个极限值，这是因为需求该知识元的知识链的总价值存在一个极限。当知识元的价格超过需求该知识元的知识链在其总价值范围内能够给出的价格时，发展任何需求该知识元的知识链将变得无利可图。此时，理性的做法是放弃需求该知识元的所有知识链，而其造成的后果是相关产业的凋零。

5.1.2　知识链价值评价

为方便计算，知识链的价值可分为广义价值与狭义价值。知识链的广义价值将知识链产业化过程中的劳动与资本及市场因素统一纳入进行计算，因此知识链的广义价值可以通过产业规模在知识链上的映射计算获得。已知现有知识

链 K，该知识链支撑的产业市场规模为 Q，则可得知识链向产业规模的映射为 $K \rightarrow Q$。由于知识链的发展是渐进的，因此通过考察知识链的历史演进及不同时期下知识链支撑的产业规模，可以获得该知识链的任一子链 K_i 向当时产业规模 Q_i 的映射 $K_i \rightarrow Q_i$。设某知识环节 L 为知识子链 K_1 向 K_2 的延伸，则该知识环节的广义价值为 $Q_L = Q_2 - Q_1$。

知识链的狭义价值指去除掉知识链产业化过程中各项因素后的知识链纯理论成本。根据货币政策与产业创新相互作用模型，知识链广义价值受到市场规模、货币投放，以及原材料、土地等投资价格的影响，故在不同环境下，相同的知识链所产生的广义价值是不同的。在此，将这些广义价值的影响因素设为影响因子 ψ，则知识链的狭义价值为 $q = \dfrac{Q}{\psi}$。由于在知识链发展过程中影响因素在不断变化，故知识环节的狭义价值为 $q_L = \dfrac{Q_2}{\psi_2} - \dfrac{Q_1}{\psi_1}$。由于在知识链评价中多用到知识链的狭义价值，为方便使用，一般将知识链的狭义价值作为知识链价值。

5.1.3 基于知识链价值的人才评价

基于知识链的价值，在进行人才评价时，可通过对人才对知识链的掌握程度，以及同等知识链水平的人才规模的考察综合判定该人才的价值。设某人才掌握某条知识链的子链，该子链的知识链价值为 q_x，掌握该子链的人才规模为 N_{kx}，则该人才的价值为 $vp = \dfrac{q_x}{N_{kx}}$。由于知识链价值随知识链水平的提升而增大，且知识链水平越高，掌握的人便越少，因此可知掌握更高水平知识链的人才价值越高。

当某人才掌握多条知识链的子链时，其价值为多条知识链价值的总和，即 $vp = \sum \dfrac{q_{xi}}{N_{kxi}}$，因而复合型人才的价值自然更高。但是，相较于高水平知识链的人才，复合型人才并不一定有优势。假设有两条同质化的知识链，即两条知识链的任一子链的价值及人才规模都是相同的，存在人才 A 与人才 B，人才 A 为掌握单条知识链的高水平知识链人才，人才 B 为掌握两条知识链同水平子链的复合型人才，则 A 的价值为 $vp_A = \dfrac{q}{N_k}$，B 的价值为 $vp_B = \dfrac{2q_x}{N_{kx}}$。此时，假设对于人才 A 和人才 B，其付出的成本与掌握知识链的价值成正比，则在同等成本付出下，$q = 2q_x$。但由于随着知识链水平的增加，掌握该知识链的人便越少，因此 $N_k < N_{kx}$，故 $vp_A > vp_B$。由此可知，在静态情况下，专精于某知识链的人才更加具有价值。

5.2 知识链与区域产业发展

5.2.1 产业创新的选择问题

从长远来看，产业创新是区域、企业等赖以持续发展的根本动力。但在实际发展过程中，创新却并非越多越好。一方面，发展的规模应由其知识链水平决定，缺乏知识链支撑的大规模资本投入缺乏足够的创新能力以应对市场变化，资本规模小且片面地追求复杂的知识链条则会导致因缺乏知识产业化能力而难以支付高昂的创新成本。另一方面，产业创新存在最优路径，决策者应根据其所处的行业知识链特点，适当地匹配资本与知识者的投入，以实现产业创新成本与速度的优化。知识链模型对区域产业创新发展解释的意义在于，随着我国利用式创新的空间逐渐缩小，探索式创新在产业创新活动中的比重将逐步加大。由于缺乏确定的路径，探索式创新所带来的不确定性将成为制约区域发展的重要因素。知识链模型的构建可以帮助决策者优化创新路径，规避创新选择的时机、方式、投入等不适当造成落入创新陷阱的风险。此外，知识链水平作为影响产业发展的重要因素，也可将其作为区域产业创新发展能力的评价指标，为相关研究提供新的视角与参考。

5.2.2 知识链与区域产业的一般关系

产业的发展遵循知识链发展的主线，知识链发展方向则由社会现实需要所决定。社会现实需要根据人类文明发展进程而不断变化，在不同的时期呈现不同的特征。在需求的引导下，知识链基于自身要素禀赋向前发展并实现产业化，进而构成区域社会的产业结构，并决定区域经济的竞争能力。在知识链发展与产业化的过程中，为提高各阶段效率，或是确保知识链向现实需要方向发展，则需要利用政策引导、实行行政管理、构建市场经济等各种手段推动创新主体发挥作用，从而实现预期目标。

根据货币政策与产业创新对经济的影响与差异可知，知识链是构成社会产业经济总量的载体。知识链的发展水平决定了产业的发展程度，进而决定了货币的容量。当知识链发展水平较低、产业较为简单时，大量发行货币势必带来巨大的通胀。而当知识链发展水平较高、产业链发达时，可容纳的货币增多，社会经济水平提升。同时，知识链的完整性决定了社会经济的抗风险能力。如果知识链存在断点，那么产业的发展便极有可能被断点所阻，产业规模越大，知识链断点所造成的成本损失便有可能越高。

5.2.3 知识要素禀赋

知识链分为基础知识链和产业知识链，区域产业知识的创新是基础知识创新成果（即产业知识元）向产业知识链上的链接，故基础知识链构成产业知识创新的知识边界。产业知识创新作用于产业知识链上特定的节点载体，并逐渐对链上各节点产生影响，进而使整条知识链增值。产业是产业知识的载体，产业创新是对产业知识创新的具象化，产业知识创新是产业创新的本质。基础知识边界、产业知识边界和产业创新的关系见图5.1。

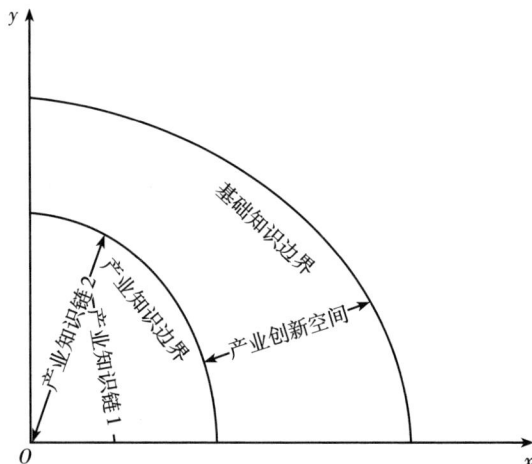

图5.1 基础知识边界、产业知识边界和产业创新的关系

图5.1中，基础知识边界由侧视视角下的基础知识链延伸构成。如图5.1所示，拥有自生能力的产业创新不能突破现有阶段的知识边界，产业创新的最大边界由基础知识链的延伸边界决定。即使是同样的产业，知识链向前延伸的路径也不是唯一的，但由于受基础知识边界的限制，在实际应用上，产业知识链

向前延伸的路径往往趋同（图5.2）。

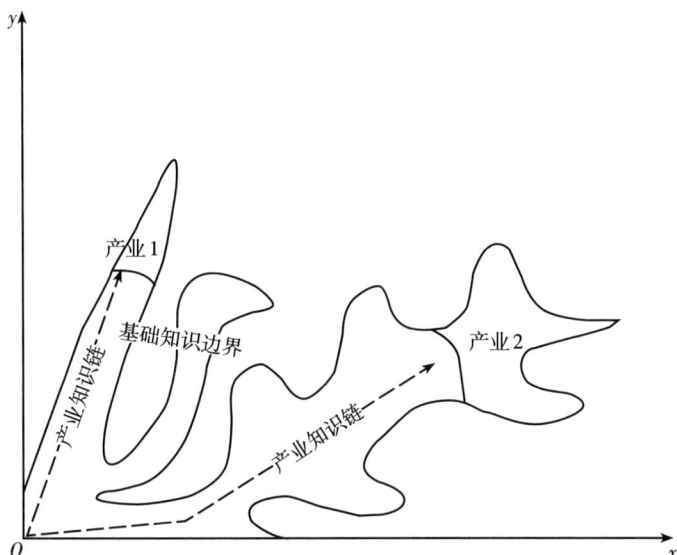

图5.2　产业知识链的发展受基础知识边界的限制

产业知识链的延伸能促进产业的发展，而其延伸路径受到基础知识边界的制约，故产业知识链和基础知识边界构成了产业创新的知识要素禀赋。更确切而言，产业知识链构成产业发展的知识要素禀赋，而基础知识链构成产业知识链创新的知识要素禀赋，故知识要素禀赋是产业发展具备自生能力的必要条件。由此可知，产业创新的规律是有迹可循的：产业创新总是自发遵循着既有知识要素禀赋的发展方向，知识要素禀赋是制约产业创新活动自生能力的重要因素。当产业超越自身知识要素禀赋发展时将带来阻力，这种阻力随着知识要素禀赋的具备而逐渐消失。若知识要素禀赋不具备，这种阻力将长期存在。

知识链是否具备自生能力的核心判断标准在于知识链创建、延伸和拓展所产生的效益是否能够弥补其所需的成本。当效益足以覆盖成本时，该知识链则具备自生能力；反之则不能。根据知识链的分类，知识创新本质上可分为知识发现和知识创造两类，知识创造指当前所没有的全新知识的创造，如牛顿定律的产生、相对论的提出等，其一般对应基础知识创新；知识发现是对已有知识的一种创新性链接，如蒸汽机的诞生、个人PC的发明等，一般对应产业知识创新。通常情况下，知识创造的成本远高于知识发现的成本。当一个产业的知识要素禀赋不具备时，实现一次创新所需创新成本极高。当没有巨额的利润补足成本时，便不具备知识链自生能力，创新将无法在该产业发生并延续。因此，创新往往选择知识要素禀赋较为完备的产业，此时，一次创新可能仅需要较少次数甚至一次知识发现便可完成。创新成本低时，在合适的利润驱动下，知识链将具备自生能力，创新将源源不断地涌现。

5.2.4　知识属性与知识链断裂

知识被称为知识，至少需要具备三种基础属性：知识内容描述、知识适用范围及知识支撑。其中，知识内容描述是指准确、完备地描述该知识所要表达的内容；知识适用范围是指使知识能够成立并生效的客观条件，它对知识的使用进行了限制，超出该客观条件之外，知识则不再生效；知识支撑是指支持该知识成立的前置知识或实践案例，前置知识或实践案例的可信度影响该知识的可信度。此外，知识支撑也决定了完整的知识是呈链状形态的。

知识与经验的主要区别在于知识支撑，缺乏知识支撑的一些经验的总结只能称为知识环节。知识环节再多，无法形成知识链也不具备完整解决问题的能力。当知识链上某一环节缺乏知识支撑时，则称知识链在该环节上发生断裂，发生断裂的知识环节称为知识链断点。知识链断点形成的背景往往是市场长期的产业分工状态。在产业分工状态下，企业可以通过购买的方式直接获得产品而不用考虑实现该产品的知识基础，此时，企业和企业之间的知识流动有限，市场产业链是顺畅的，但该产业的知识链是断裂的。当市场中某产业环节因某种原因退出时，如果无法及时寻找到替代者，则知识链断裂带来的影响便会浮现。

区域产业链的繁荣带来的经济发展容易使人忽略发展完整知识链的重要性，这为经济的可持续发展带来隐患。由于区域知识链的不完整，知识创新缺乏必备的知识要素禀赋，使得其知识链长期得不到发展。当既有知识链带来的产业扩张达到帕累托点①时，产业扩张便失去了自生能力。同时，由于市场惯性，前期大量投资涌入，致使在后期造成大量产业过剩产能，出现"潮涌现象"。知识链的不完整使得知识链发展的停滞，新的产业扩张空间迟迟无法形

---

① 帕累托点是指在资源分配的一种状态下，不可能在不使任何人境况变坏的情况下，而使某些人的处境变好。也就是说，当达到帕累托点时，任何对资源的重新分配都无法在不损害他人利益的前提下，让至少一个人的状况得到改善。

成，经济增长缺乏动力。此时，为了拉动经济增长，经济体往往采用增发货币的方式，而这种方式造成的通货膨胀又会带来产业入侵的风险。因此，不注重知识链的发展更容易使区域经济落入"中等收入陷阱"，故在发展市场经济时，必须要从宏观层面确保知识链的完整，以保证经济发展的稳定性。

5.2.5　知识流动及其对创新活动的影响

根据顾新等人的研究，知识的流动能够使知识增值，而这种增值的本质在于知识流动促进了产业知识链的创建、延伸、拓展和革新，因此，并非所有的知识流动都能使知识增值，而仅是那些促进了知识链发展的知识流动才使得知识增值。[①]知识流动的本质是知识的转移，知识流动的最佳状态是知识没有任何阻碍地迅速扩散，这种扩散使得创新者在对取用既有知识元实现知识链的创造、延伸、拓展和革新时不会遇到任何阻碍。在知识充分流动的情况下，任何知识都将是即时共享的，知识链能够很快延伸和拓展到知识边界，同时，充分的知识流动也意味着任何的研究成果都可以被即时取用，用以支撑和促使新成果的诞生。可见，知识流动越充分，创新越活跃。

由于知识流动驱动创新的本质在于对知识链的发展，因此必须考虑既有知识链要素禀赋的问题。知识链要素禀赋指影响知识创新活动的既有知识要素，即既有的基础知识链、产业知识链，以及这些知识链的所有现实载体的数量。在一个知识要素贫瘠的区域，知识流动可整合的知识水平低，其作用显然非常有限；而在知识要素丰富的区域，知识流动驱动下的知识增值将大大提升。知识链要素禀赋影响着知识流动驱动的知识创新成效，而知识流动驱动的知识创新又反过来构成新的知识链要素禀赋。具备知识链要素禀赋时，知识创新将具备自生能力，创新活动变得活跃；反之，则会抑制创新活动的发生。

区域在发展相关产业时，设法降低知识流动的成本将产生意想不到的正向效果，故而构建产业集群一般是一个比较明智的选择。但是如果产业集群中的企业因差异过大而难以很好地实现知识流动，那么将很可能无法产生预期效果。

---

① 顾新，李久平，王维成.知识流动、知识链与知识链管理［J］.软科学，2006（2）：10-12.

5.2.6 知识链视角下区域发展策略

区域产业创新需要遵循知识链自生能力，在鼓励产业创新时，若通过直接补贴难以取得好的效果，则需要考虑从改变产业的知识要素禀赋入手，或从其他具有知识链自生能力的产业出发，逐渐将其延伸至该产业上来。基于这样的思路，结合我国产业创新现状可以得出，当前我国的创新体系存在两大可优化的空间：一是尖端技术创新盈利能力挖掘潜力巨大；二是基础研究成果转化效率提升空间巨大。具体来看，一方面，我国独特的制度优势能够极大地缩短紧缺尖端技术的创新时间，这种优势能够使我们不断扩大技术优势，从而在竞争中占得先机。但从目前来看，尖端的技术创新带来的溢出效应还比较弱，尖端技术创新的盈利能力还存在极大空间。究其原因，尖端技术溢出的承载方知识链与供给方知识链对接还存在困难，市场利润难以弥补知识链延伸成本，知识链自生能力尚未形成。因此，应重点考虑通过补贴或改善知识要素禀赋的方式，降低承载方的创新成本，同时引导尖端技术知识链向下延伸，逐渐促进承载方知识链自生能力的形成。另一方面，基础研究成果难以转化，本质上是因为知识发现的成本较高。高校的科研较为独立，科研成果可能与当前区域市场内的产业知识链脱节较大，使得区域内不具备对该科研成果进行知识发现创新的知识要素禀赋。因此，要实现基础研究成果的高效转化，除了尽可能使高校研究与当前区域市场内的知识链相匹配外，还可通过鼓励知识跨域流动的方式，使高校研究成果向其他拥有相应知识链的区域市场流动，从而降低科研成果转化的知识发现成本。

第6章　知识链理论相关案例分析

6.1　教育领域——以我国某高校的文科综合实验教学中心为例

在知识链理论视角下，学生学到知识的本质是学生自身的知识链得到了发展。知识链的发展又包括知识链长度的延展和知识链数量的增加两个维度。知识链发展的相关因素有：知识要素禀赋、劳动要素禀赋和资本要素禀赋。学校就是通过为学生提供知识链发展的有利因素，帮助和促进学生知识链的发展。因此，教学的本质是学生利用教学资源平台发展自身的知识链的过程。教学资源平台包含了知识要素禀赋、劳动要素禀赋和资本要素禀赋，如教学场地、实验教学设备仪器、师资水平、制度保障等。

S高校为我国西部的一所综合大学。目前，S高校的文科综合实验教学中心为我国的国家级实验教学示范中心，并在2020年和2021年的全国同类实验教学中心考核中得分第一。下面我们将从知识链的角度，分析为何S高校的文科综合实验教学中心能连续两年蝉联全国同类实验教学中心榜首的原因。

6.1.1　发展脉络中的铺垫

1981年，S高校首创文科实验室，在新闻学专业建立了集新闻摄影、电视摄像、电视演播为一体的新闻实验室，为新闻学专业主干课程提供实验教学服务。之后，图书情报实验室、考古实验室等相继建立。

1997年，S高校在全国率先推出文科学生参加工程实践训练的教学改革新模式，打破了长期以来工程实践类课程只向工科类学生开设的传统格局。

2001年，S高校充分发挥综合大学的优势，优化整合资源，实现了文理工医多学科深度交叉融合，将造就"具有深厚人文底蕴的人才"作为S高校人才培养新目标，文科实验教学以人才综合素质和能力培养为核心。同年，S高校启动实验室专项建设项目，切实提高了文科实验教学质量与水平。2002年6月，利用该项目资金建立了"传播技能实验室"和"思想政治理论教育实验室"。2006年1月，又投资250万元建立了经管类实验教学基础平台。

在前期充分准备的基础上，S高校专门立项，筹划建设文科综合实验教学中心。2006年9月，基于对文科创新型人才培养模式和实验教学体系建设的考量，在文科各学科专业实验室建设的基础上，将过去小而全但分散的实验室整合为一个文科实验教学中心，在教学体系、课程设置、管理体制等方面改革创新，形成由文科综合实验教学中心对全校各学科文科实验教学整体规划的实验教学体系。

通过观察S高校文科综合实验教学中心的发展路径，不难发现其非常符合知识链理论中对知识链发展的有利条件。对文科进行实验教学，实际上是填补了我国高等教育在文科实验教学方面的知识要素禀赋的缺失，同时增加了文科教学内容体系中所蕴含的知识链的长度。进行文理工医多学科交叉融合的举措，极大丰富了知识链的内容，以校级平台的形式统筹规划全校各专业的实验教学课程，既降低了知识流动的成本，也提高了知识自生能力。正是前期的这些举措，为知识链的良性发展提供了土壤，才有后期S高校文科综合实验教学中心取得的各种成绩。

6.1.2 整体设计中蕴含的知识链理论

S高校是教育部的大学生文化素质教育基地，需要承担培养当代大学生文化素质的责任。S高校的文科综合实验教学中心面向全校文理工医本科学生提供文科综合类的实验教学，理论联系实际地培养本科学生的文化素质，通过真正的多学科交融，更好地实现这个目标。在这个过程中，可以发现其对知识链的扩展是双向四维的：（1）因为交叉课程的开设，所以教师团队需要拓展知识链，促进了教师团队水平的提高；（2）对于非文科生，在实验课程中，发展了文科知识相关的知识链；（3）对于文科生，在实验课程中，发展了其他学科知识相关的知识链；（4）通过开设交叉课程，让不同学科的学生通过创新、创业、参加竞赛或者课程内的作业实践等形式组成团队，不同学科背景的学生使该团队的知识链规模远远大于单一学科学生构成的团队的知识链规模，且其成员先天具备信任与合作的属性，在团队中的知识流动成本远远小于知识学习成本，可以通过团队中的知识分工来获取额外的收益。因此，该教学模式下学生在自主创新、创业等活动中更容易成功，如图6.1所示。

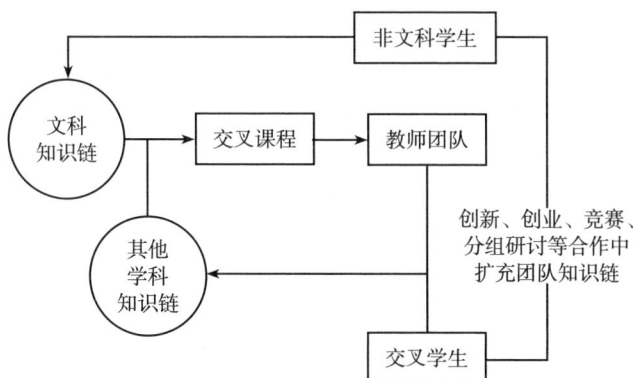

图6.1 团队知识流动

S高校进行了管理体制和运行机制创新，实行学校、中心、分中心三级管理的中心主任负责制，突破了实验教学中心传统的校院两级管理模式的运行机制。其采用依托学院但不依赖学院的方式，这是因为如果完全脱离学院学科专业的支撑，中心就会成为一个大型的基础实验室，不利于自身的发展。文科综合实验教学中心的整合不仅解决了零散实验室重复建设、实验教学资源利用率低的问题，而且解决了单一文科学院或文科专业实验资源少、实验教学覆盖面窄的问题。整合后，中心发挥出了最优集成作用，实现了较高程度上的资源整合、人员整合、内容整合和管理整合。从知识链的角度来看，这一举动减少了知识链的获取成本（由于本科实验教学对学生来说更多是基础知识链的获取，这一举动在更大程度上减少了基础知识链的获取成本）。在教育投资总量不变，即资本投入不变的情况下，由于知识链的获取成本降低，知识链的获取量得到增加。因此，这一系列的措施可以使学生有机会学到更多知识。如果将学生看作单个知识劳动单元，知识链获取的成本降低，资本投入不变，则对于单个知识劳动单元的投入相对增加。在此教学模式下，学生有更大的概率进行创新。

S高校的文科综合实验教学中心在S高校政策的引导下，同样重视校企地三者的合作，与地方政府、企业建立了紧密的合作关系并实施了多项合作计划，孵化了多个产教学研"四维一体"的不同类型的合作项目。其中，通过校企合作，落地了多个具有经济效应、社会效应和科学效应的项目。在知识链理论视角下，校企合作模式在一定程度上填补了企业在创新过程中知识链的差值 C_d，学生学习和实践的过程也可视作知识劳动者的增加，而这部分的增加无须企业负担额外知识劳动者的投入成本，变相使企业有更多资源投入到资本要素。在校企合作创新模式下，资本要素和劳动要素的投入均得到增加，因此产业创新的速度和概率都得到了增大。同时，企业的经验弥补了学校这方面知识链的不足，企业的设备和场地又作为资本要素在教学过程中促进了学生知识链的发展，最终实现了学校和企业的双赢。

6.1.3 细节落实中体现的知识链理论

学生的在校时间一般是固定的，将学生毕业时知识链的长度设为 L_g，学生在校时间为常数 T，知识链发展速度为 V_{kc}，则 $L_g = V_{kc}T$。可见学生最终获取的知识链长度与知识链发展速度正相关。学生知识链的发展速度为 $V_{kc} = P = f(C)$，其中，P 的大小是以资本投入为自变量的函数。

从表 6.1 可以看出，S 高校一直在对文科综合实验教学中心进行持续的资本投入，对比国内单一的实验教学二级单位，其资本的投入数量可谓相当可观。这在直观上看是为实验教学活动的开展提供了有力的物质条件保障，但从知识链的角度来看，则是通过加大资本的投入，提升学生知识链的发展速度，让学生在固定的在校时间内能够更大程度地延展自己的知识链。S 高校对文科综合实验教学中心的投入，通过知识链理论中对知识链发展速度的作用，提升了实验教学的效率，提升了教学成效。

表 6.1　S 高校实验教学中心资本投入

项目	2021年	2020年	2019年	2018年	2017年
建筑面积/㎡	7446.97	7746.97	13181.00	13181.00	13181.00
设备总值/万元	8247.99	8035.86	8151.74	8203.96	7497.03
设备台数/台	7290.00	7274.00	6756.00	6507.00	6260.00
主管部门年度经费投入/万元	19.00	35.00	0	0	0
所在学校年度经费投入/万元	251.60	504.90	323.47	346.70	1580.80

同时，P 值受知识链发展成本 C 的影响，且在同样的投入中，C 越低，知识链发展速度 V_{kc} 越快。

教学基本要求是学生掌握教学大纲内的知识，完成相应学习阶段的预制学习目标，通过教学考核。实现该目的的主要手段是教学过程。在这一阶段，学生知识链发展成本为学习成本 $mC_{kl} + (1-m)C_{kf}(1+\xi_{aver})$，原则上所有大纲内知识都需要教师在课堂上讲授，故认为 $m = 0$，则这一阶段学生知识链发展学习成本可简化为 $C_{kf}(1+\xi_{aver})$。

具有上进精神的学生，希望能够学到更多的教学大纲之外的知识，则会通过课余时间，进行自主研究和学习。在这一阶段，学生知识链发展成本为研究成本 C_{kr}。

具有开拓精神的学生，希望能够进行创新，无论是理论的创新还是应用的创新，都需要他们进行知识链的创新。这一阶段，学生知识链发展成本为创新成本 C_{ki}。

结合以上知识链理论的分析，我们来看S高校文科综合实验教学中心所采取的措施。

根据网络资料和著者对国内部分高校的实验教学队伍公开信息进行的统计（表6.2），我国高校实验教学人员中高级职称人员占比约为26%，博士学位人员占比约为34%。而S高校的这两项指标均远远高于全国平均水平，并且S高校新进实验教学人员必须具备博士学位，同时鼓励现有实验人员进行深造。对比2021年、2020年、2019年的数据可以发现，具备博士学位的实验教学人员数量增长已经高于实验教学人员总人数的增长，从而进一步提高了具备博士学位的实验教学人员比例。大量高职称和高学位的教学人员增加了教学团队知识链的储备，有效降低了知识流动摩擦系数 ξ。

表6.2 S高校文科综合实验教学中心教学队伍相关信息

项目	2021年	2020年	2019年	2018年	2017年
固定人员总数/人	164	150	113	121	120
高级职称人数/人	114	103	79	83	83
博士学位人数/人	131	116	77	83	82
高级职称占比	69.51%	68.67%	69.91%	68.60%	69.17%
博士学位占比	79.88%	77.33%	68.14%	68.60%	68.33%

同时，S高校配套了对师生的激励制度，以提高教学团队的教学积极性，

激发学生学习的主观能动性，也使知识流动摩擦系数进一步降低，从而使学生知识链学习成本 $C_{kf}(1+\xi_{aver})$ 降低。

为了充分体现因材施教的教育理念，S高校的文科综合实验中心对于完成基础学业之后仍有余力的学生，提供了额外的学习资源，包括课外培训、本科生进科研项目组、小班化教学、本科生导师制等。通过让本科生进入导师的科研项目组进行科研训练、导师指导本科生进行科研论文写作等措施，为本科生的研究学习提供环境和资源，从本质上降低了学生在知识链发展过程中的研究成本 C_{kr}。

由于面向的专业数量越来越多（由于2018—2019年S高校进行了大规模的专业合并，导致专业总数减少，因此在2019年度文科综合实验教学中心出现了课程面向的专业减少的情况），知识链的数量增加，使知识流动的阻力减少；虚拟仿真实验的开放，也使知识验证的成本大幅度降低；针对知识需求进行的设备研制和改装也降低了知识创新的成本。以上措施均能够提升知识链创新的概率。

综合以上三个方面的措施，S高校文科综合实验教学中心在教学过程中的行动，有效降低了学生知识链发展的学习成本 $C_{kf}(1+\xi_{aver})$、研究成本 C_{kr} 和创新成本 C_{ki}。在知识链发展成本的公式 $C=mC_{kl}+(n_1-m)C_{kf}(1+\xi_{aver})+n_2C_{kr}+n_3C_{ki}$ 中，对于学生个体，在校学习的过程中，n_1，n_2，n_3 的值为1，m 的值可视为0。经过 C_{kf}，C_{kr}，C_{ki} 三者降低的叠加效应，学生获取知识的总成本 C 大大降低。因此，在有限的时间内，学生自身知识链的发展更加丰富和深入。据此可以推导出，在S高校文科综合实验教学中心的教学体系下，学生更容易产生出创新成果。

通过表6.3可以确认，在S高校文科综合实验教学中心对知识要素禀赋、劳动要素禀赋、资本要素禀赋进行了投入和优化设计之后，其产出与投入呈正相关趋势，知识链理论的推演结果与实际结果一致。

表6.3　S高校学生创新成果

项目	2021年	2020年	2019年	2018年	2017年
学生获奖(省级以上)人数/人	707	657	508	556	263
学生获得专利数/项	32	28	30	16	14

6.2 工程领域——基于知识链构建的复杂工艺冲突发现与识别

工艺是实现设计意图的现实手段，工艺的水平直接决定了设计实现的成本与产品质量。随着我国产业结构的逐步升级，产业链上各环节不仅面临着越来越多的现实约束，而且面临着越来越高的产品质量要求。在此条件下，工艺的设计必须综合考虑各种变量的控制，这必然导致工艺系统的复杂度提升。

对工艺的优化和创新，往往基于对其所存在的冲突的发现与解决。而在复杂工艺条件下，由于工艺过程存在大量不确定因素与客观误差，难以用精确模型准确描述；同时，复杂工艺往往工序繁多或者参数复杂，由于不能精确分析，致使各工序与参数之间的联系与冲突不能被完全认知。随着工艺复杂程度的提升，存在的冲突随之增加，冲突之间的相互作用也愈加复杂，依靠单一冲突的解决以实现工艺优化创新将变得越来越困难。

针对该类复杂系统问题，国内外学者进行了深入的研究。Khomenko 等基于 TRIZ 理论[①]，提出了强势思维一般理论 OTSM，旨在通过利用冲突之间的关联减少问题数量，通过动态地跟踪解决"问题流"，联合 TRIZ 手段不断迭代，进而解决问题。Cavallucci 等通过建立域提取关键冲突，进而寻求复杂问题的解决方法。韦子辉等结合实现树和障碍树的分析方式，利用设计障碍树定性分析算法计算结构重要度排序以确定核心问题，进而利用 TRIZ 进行求解。Czinki 等认为，当前解决复杂冲突的难点在于冲突的定位，并构建了一套冲突跟踪分析模型。张建辉等提出通过构建复杂产品的"问题流"网络以定位关键问题，进而构建冲突网解决复杂问题，并进一步研究如何利用 Petri 网，从需求分析和功能失效分析两方面入手以解决冲突的分析与关键冲突的定位问题。

通过国内外学者的研究可以发现，TRIZ 理论在目前依然是解决冲突的有

---

① TRIZ 理论是由苏联发明家根里奇·阿奇舒勒在 1946 年创立的一套发明问题解决理论。TRIZ 理论认为，所有的技术系统都遵循着一定的客观规律在发展进化，人们可以通过对这些规律的认识和掌握来预测技术系统的发展趋势，并解决技术系统中存在的问题。它强调通过系统的方法来解决发明问题，而不是依靠试错法或灵感。

效手段，而对复杂问题求解的关键在于对复杂系统问题的分析及关键冲突的准确识别。在对冲突的识别方面，建立动态的问题跟踪分析模型，通过不断迭代的方式逐步优化是当下的主流思路。不足的是，现有研究还未能出现普适的分析方法，更无法提出高效的分析工具。此外，与一般设计不同，工艺过程存在大量的不确定性，这使得一般复杂系统的一些分析方式很难应用于复杂工艺设计当中。因此，本书在继承既有研究成果的基础上，针对复杂工艺的特殊性，提出基于知识进化的工艺冲突识别策略，以弥补当前研究存在的不足。

6.2.1 复杂工艺知识链

复杂工艺的演进过程符合知识链发展理论。首先，复杂工艺过程的形成存在一个演化过程。一般情况下，工艺的设计最初以实现某产品的生产为目的，约束较少。之后，随着生产过程中逐步暴露出的不足或其他约束的增加，工艺过程逐步以满足需求与解决冲突为目的进行优化，进而逐渐变得复杂。其次，工艺的演进基于前期工艺存在的不足及客观现实需要，是基于既有工艺知识在对当前矛盾冲突认真分析后形成的知识创新。最后，新的工艺相较于旧工艺，在客观使用环境及约束上必然发生了变化，新的工艺能更好地满足当前环境与约束下的生产需要。

基于复杂工艺的演进过程，可构建复杂工艺知识链。组成复杂工艺知识链的各元素为复杂工艺演进时各个阶段的工艺知识，称为工艺知识链的知识环节。知识环节存在三种基本属性，分别为工艺知识内容、知识适用范围和知识支撑。工艺知识内容为该环节时期工艺知识的详细内容描述。知识适用范围为工艺的使用场景与约束。知识支撑为该工艺知识形成所基于的前置工艺知识及客观需求与约束。在知识链上，任一环节的知识均需要知识支撑，支撑知识的知识则又需要其他知识支撑。这种环环相扣的结构使得知识更像是一根动态的链条，链条越长，知识支撑的环节越多，知识便越复杂。复杂工艺知识链结构见图6.2。

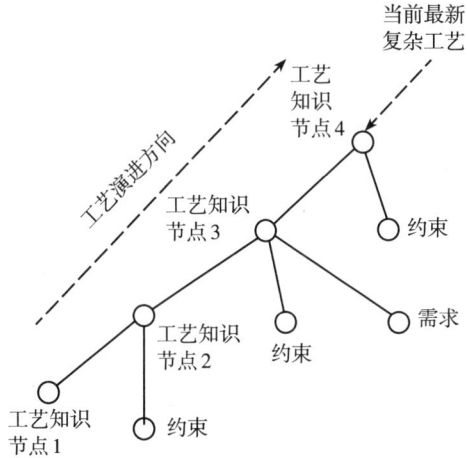

图6.2　复杂工艺知识链结构

6.2.2　知识链模型的构建与冲突分析

6.2.2.1　知识环节内容的本体表达

在对知识环节的工艺知识内容的表达方面，采用较为成熟的本体语言进行描述，具体方式为

$$\text{link}PK = (\text{ont}C，\text{ont}R，\text{ont}F，\text{ont}A，\text{ont}I) \tag{6.1}$$

其中，$\text{link}PK$ 为工艺环节的知识内容，$\text{ont}C$，$\text{ont}R$，$\text{ont}F$，$\text{ont}A$，$\text{ont}I$ 为构成工艺知识内容的五个元素，分别为类、关系、函数、公理和实例。类为工艺所涉及的各类对象的集合，其关系代表了不同对象之间的相互作用，形式可定义为 n 维笛卡儿积的子集 $\text{ont}R$：$C_1 \times C_2 \times \cdots \times C_n$。函数代表决定某对象的所有前置对象的共同作用，可表示为 $\text{ont}F$：$C_1 \times C_2 \times \cdots \times C_{n-1} \rightarrow C_n$。公理为适用范围内的永真集合。实例为基础对象。

按照该本体表达方式，对于某知识环节下的工艺过程，首先厘清全工艺过程所涉及的各个类，明确相互关系，之后分析影响各个类的函数因子，通过层层分解最终确定至具体可控制的基础对象。在这个过程中，若存在不同函数因子同时影响不同类的情况，为简便分析，可分别进行分析，然后在该因子下建立冲突关系。

6.2.2.2　知识支撑与知识环节的链接

知识环节需要知识支撑，而知识支撑本身也构成知识环节。知识环节的支撑与被支撑呈现多对多的关系。工艺知识的基础支撑源于初代工艺赖以产生的案例、公理、预设条件等，该类支撑称为工艺的基础支撑。则对任意知识环节 $\text{link}PK_k$，均存在若干个知识环节或基础支撑作为其知识支撑。

$$\text{link}PK_k \leftarrow [\text{link}PK[n],\ \text{base}PK[m]] \quad (n \geqslant 0,\ m \geqslant 0,\ n+m>0) \qquad (6.2)$$

其中，$\text{link}PK[n]$ 表示存在 n 个给定知识环节的知识支撑，$\text{base}PK[m]$ 表示存在 m 个给定知识环节的基础支撑。由于基础支撑为案例、共识或预设条件等，故在进行本体表示时可仅通过 $\text{ont}R$，$\text{ont}A$，$\text{ont}I$ 进行表示。

$$\text{base}PK = (\text{ont}R,\ \text{ont}A,\ \text{ont}I) \qquad (6.3)$$

根据式（6.2），知识环节和知识环节之间可通过知识支撑建立链接，这种知识的链接关系使在对工艺冲突进行识别时，可以通过考察知识进化方向大幅缩小重要冲突的搜索范围，降低关键冲突获取的难度和成本。同时，通过对本体化表述知识内容的比较，可进一步辅助确定知识进化的关键对象，从而作为下一步工艺知识创新的重要参考。

6.2.2.3　基于复杂工艺知识链的冲突识别

基于复杂工艺知识链的构建，可大幅简化复杂工艺冲突的分析过程：通过考察知识进化过程，获取全知识链存在的主要冲突和优化对象范围，利用TRIZ理论对其进行分析，进而实现工艺创新。其具体步骤如图6.3所示。

（1）对于任意知识环节 $\text{link}PK_k$，获取其所有知识支撑 $\text{link}PK[n]$ 和 $\text{link}PK[m]$。

（2）逐一分析 $\text{link}PK[n]$ 及 $\text{link}PK[m]$ 对 $\text{link}PK_k$ 的支撑作用，分析并获取知识进化过程中优化的各对象与解决的各类冲突。

（3）重复步骤（1）和步骤（2），直至遍历整条知识链。

（4）获取所有涉及的对象和冲突，判断各冲突是否已经解决或产生次生冲突，以及各对象进一步优化的可能性。

（5）评估未解决的冲突或因解决冲突带来的次生冲突，以及优化对象对当前工艺的影响，选取一到多个主要冲突和优化对象。

（6）利用TRIZ理论对主要冲突和优化对象进行分析，得到解决方案，实现工艺创新。

（7）将新的工艺知识接入复杂工艺知识链，实现知识进化的动态更新。

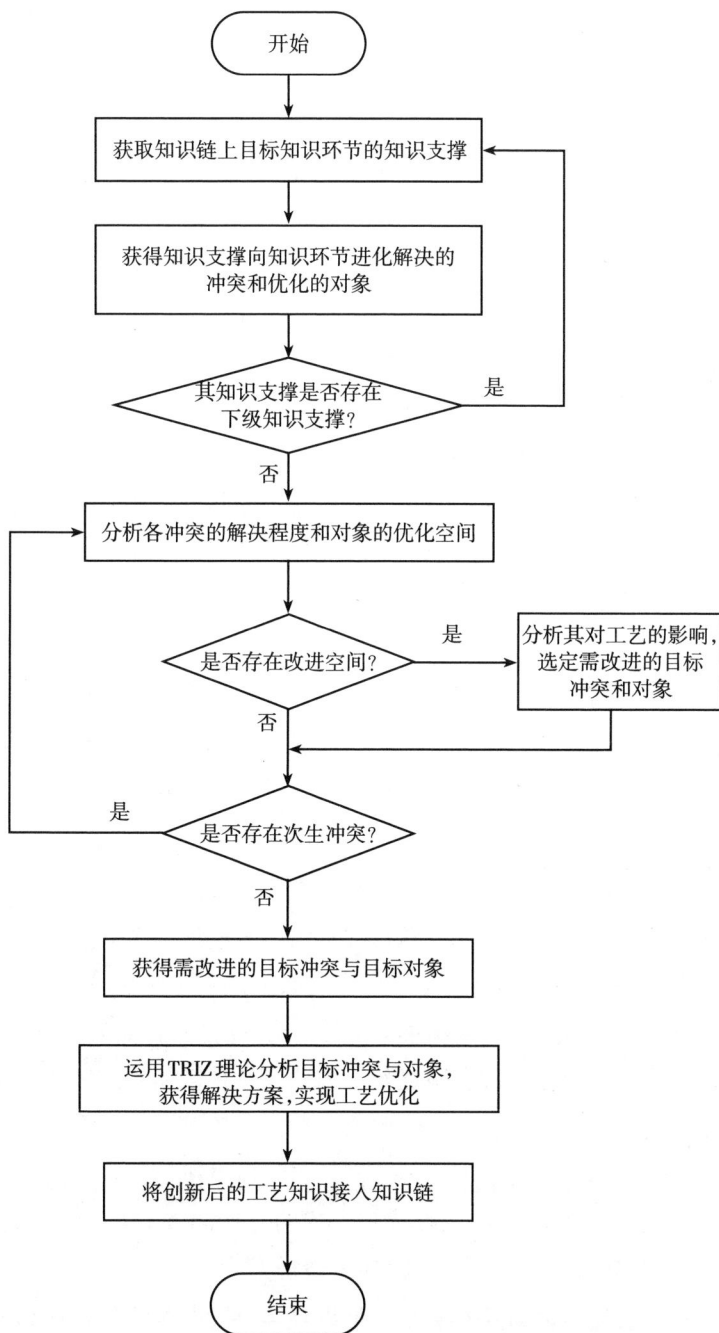

图6.3　复杂工艺知识链的冲突识别过程

6.2.3   回转窑优化结圈工艺知识链的构建

以某石灰生产企业为例，其采用回转窑生产工艺进行石灰生产。在生产过程中发现，窑体内结圈问题反复出现，使得产量长期无法达到设计产量，且产品质量出现一定程度的下降。同时，氮氧化物排放量常出现一段时间的增加，这使得企业不得不再次降低产能以满足氮氧化物排放需求。在此情况下，企业组织相关工艺部门人员采取头脑风暴等方式对当前问题进行研究，初步将问题定位于原料质量、火焰控制、预热温度、负压保持、窑速控制等方面。除原料受限于供应渠道无法更改外，工艺团队根据经验和计算尝试了多种方案，效果不佳。企业又尝试通过咨询行业内专家等方式寻求方案，但在实际操作过程中由于窑况不同使得各基础参数均存在一定程度的差异，工艺人员难以准确执行方案。

该企业所面临的问题为典型的复杂工艺冲突的获取问题。考虑回转窑石灰烧成工艺中各工艺参数的相关性，因无法识别关键冲突，致使多种尝试收效甚微，且在各种尝试过程中造成了设备磨损、时间损耗、产量进一步降低等各类成本损失。而按照石灰烧成原理重新设计工艺参数，一是企业现有工艺人员受限于知识水平难以完成，二是重新设计工艺参数本身存在多种未知因素，可能带来不可预期的风险。在此情况下，采用构建目标工艺知识链的方式，利用知识链分析识别冲突，是以较低成本尽快定位关键冲突的有效方式。

根据实际需求，首先获取回转窑烧成阶段部分的基础工艺。基础工艺是在基于大量研究及实践案例基础上编成的工艺手册，也是企业进行正常生产的基本遵循。故基础工艺的知识支撑可被视为基于该生产环境下的公理的支撑。图6.4所示为回转窑烧成阶段部分基础生产工艺的本体表达示意图。

在图6.4中，预热阶段和煅烧阶段共同影响着活性石灰的产量、质量及生产的稳定性。同时，预热阶段和煅烧阶段彼此存在相互制约的关系。预热阶段的预热温度是煅烧温度与负压共同作用的结果，而负压和煅烧温度又分别受控于拉风电机、密封性，以及给煤量转子秤、二次风电机等。对于较为复杂的熔融物生成，通过本体表达可知，影响其生成的直接因素有6类，即熔融物 =f（燃料杂质，原料杂质，火焰形态，窑速，煅烧温度，负压），由此可得，调节可影响熔融物生成的具体对象有9种，而调节其中很多对象又会对其他工艺参数造成影响。

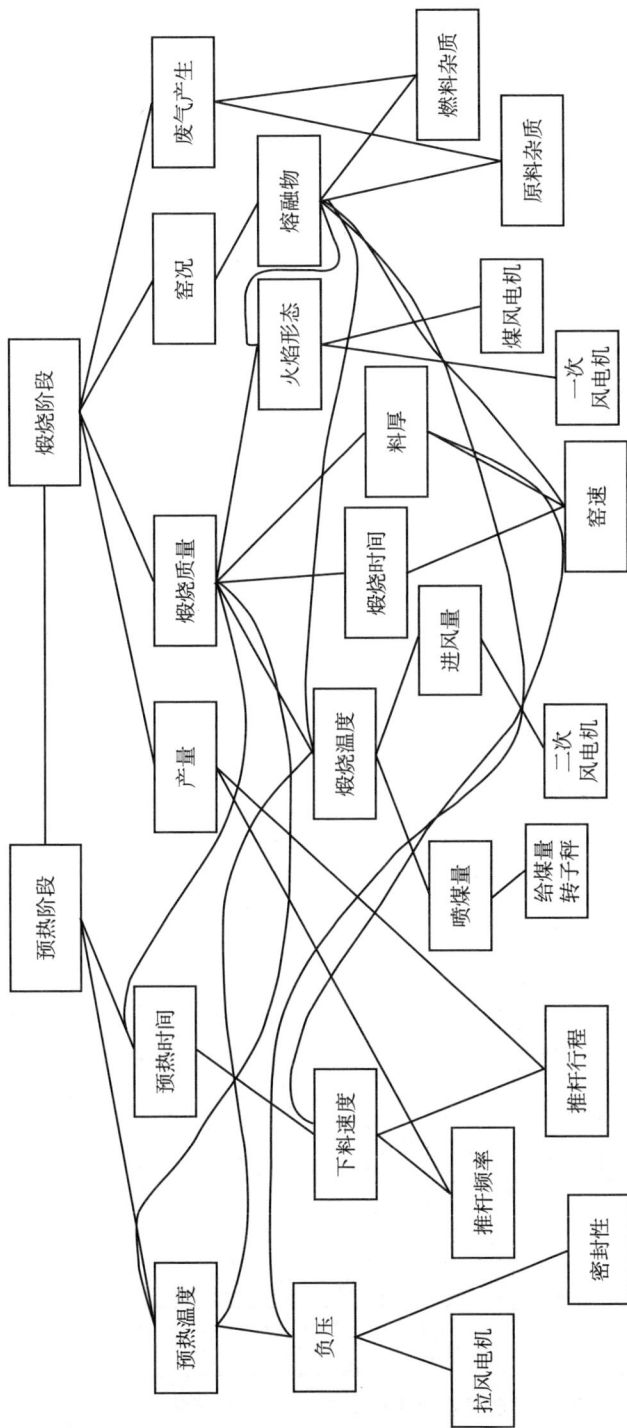

图6.4　回转窑烧成阶段部分基础生产工艺的本体表达示意图

以该部分基础生产工艺为知识支撑，进而构建回转窑优化结圈工艺知识链。面向结圈问题的相关工艺优化研究可通过查询文献、专家咨询、业内走访等方式获取。根据各优化工艺所解决的冲突、相互引证关系与实际效果，可构建回转窑优化结圈工艺知识链（部分），如图6.5所示。

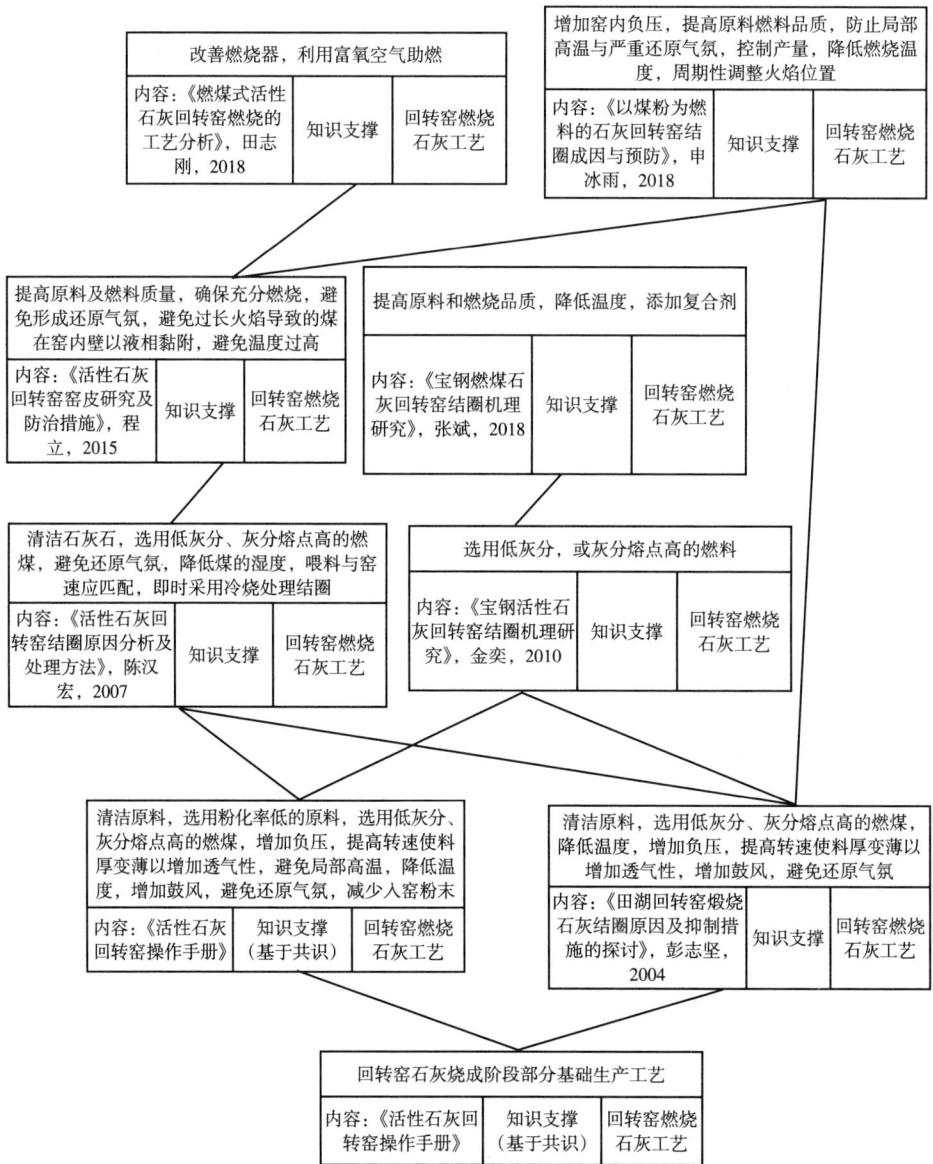

改善燃烧器，利用富氧空气助燃		
内容：《燃煤式活性石灰回转窑燃烧的工艺分析》，田志刚，2018	知识支撑	回转窑燃烧石灰工艺

增加窑内负压，提高原料燃料品质，防止局部高温与严重还原气氛，控制产量，降低燃烧温度，周期性调整火焰位置		
内容：《以煤粉为燃料的石灰回转窑结圈成因与预防》，申冰雨，2018	知识支撑	回转窑燃烧石灰工艺

提高原料及燃料质量，确保充分燃烧，避免形成还原气氛，避免过长火焰导致的煤在窑内壁以液相黏附，避免温度过高		
内容：《活性石灰回转窑窑皮研究及防治措施》，程立，2015	知识支撑	回转窑燃烧石灰工艺

提高原料和燃烧品质，降低温度，添加复合剂		
内容：《宝钢燃煤石灰回转窑结圈机理研究》，张斌，2018	知识支撑	回转窑燃烧石灰工艺

清洁石灰石，选用低灰分、灰分熔点高的燃煤，避免还原气氛，降低煤的湿度，喂料与窑速应匹配，即时采用冷烧处理结圈		
内容：《活性石灰回转窑结圈原因分析及处理方法》，陈汉宏，2007	知识支撑	回转窑燃烧石灰工艺

选用低灰分，或灰分熔点高的燃料		
内容：《宝钢活性石灰回转窑结圈机理研究》，金奕，2010	知识支撑	回转窑燃烧石灰工艺

清洁原料，选用粉化率低的原料，选用低灰分、灰分熔点高的燃煤，增加负压，提高转速使料厚变薄以增加透气性，避免局部高温，降低温度，增加鼓风，避免还原气氛，减少入窑粉末		
内容：《活性石灰回转窑操作手册》	知识支撑（基于共识）	回转窑燃烧石灰工艺

清洁原料，选用低灰分、灰分熔点高的燃煤，降低温度，增加负压，提高转速使料厚变薄以增加透气性，增加鼓风，避免还原气氛		
内容：《田湖回转窑煅烧石灰结圈原因及抑制措施的探讨》，彭志坚，2004	知识支撑	回转窑燃烧石灰工艺

回转窑石灰烧成阶段部分基础生产工艺		
内容：《活性石灰回转窑操作手册》	知识支撑（基于共识）	回转窑燃烧石灰工艺

图6.5 回转窑优化结圈工艺知识链（部分）

通过收集相关工艺研究可知，针对回转窑石灰烧制工艺中的结圈问题，虽然对结圈生成的原因逐渐形成共识，但不同的企业和机构所采用的预防或处理结圈的方式却存在差异，有些甚至是相矛盾的。实践证明，因为各回转窑生产线的运行环境存在差异，盲目模仿一家或几家企业的工艺方法并不能解决企业当前面临的问题，甚至适得其反；而综合考虑所有方式进行逐项试验成本极大，可操作性不强。

通过构建工艺知识链可发现，预防和处理结圈的改进工艺存在一个演进过程：第一，在对石灰石和燃料的选用、处理上逐渐形成共识；第二，通常认为增大窑内负压能够改善窑内环境，抑制结圈产生（但在生产实践中发现该工艺会导致其他问题）；第三，在窑速方面，由前期的鼓励增大窑速演化至降窑速与增窑速之争，进而演化为根据下料量匹配适当窑速的结论；第四，在火焰方面，由以前的避免长火焰逐渐发展为适当拉长火焰。此外，还有风的使用、推杆行程等各个方向的知识演进。通过各演进工艺在各知识环节中出现的频次判断其在知识链发展中的重要程度，可对其进行重要度排序，而后根据重要程度考察一个或多个指标中的冲突，便可实现工艺的有效改进和创新。

在该案例中，企业根据实际情况对改善原料、拉长火焰、增大负压等进行尝试，并在此过程中利用TRIZ理论分析了拉长火焰带来的中段液相黏结，增大负压导致的预热器推头烧结、产量下降等冲突，并针对这些冲突对窑速、下料、煅烧等各指标进行了调整，最终实现了产量和质量的双提升。此后，未再因结圈而停窑，确保了生产连续。

参考文献

[1]　BROWN T. Change by design：how design thinking transforms organizations and inspires innovation[M]. New York：Harper Business，2009.

[2]　JOHN D . The quest for certainty：a study of the relation of knowledge and action[M]. Whitefish：Kessinger Publishing，2005.

[3]　CHISHOLM R. The foundations of knowing[M]. Sussex：The Harvester Press，1982.

[4]　TERNINKO J. Systematic innovation：an introduction to TRIZ（theory of inventive problem solving）[M]. Boca Raton：CRC Press，1998.

[5]　中央档案馆，中共中央文献研究室.中共中央文件选集 1949 年 10 月—1966 年 5 月：总目录[M].北京：人民出版社，2013.

[6]　埃德蒙德·胡塞尔.纯粹现象学通论[M].李幼蒸，译.北京：商务印书馆，2012.

[7]　柏拉图 . 柏拉图全集：第 2 卷[M].王晓朝，译.北京：人民出版社，2003.

[8]　保罗·K.莫塞，阿诺德·范德·纳特. 人类的知识：古典和当代的方法[M].厦门：厦门大学出版社，2018.

[9]　彼得·德鲁克.知识社会[M].北京：机械工业出版社，2021.

[10]　毕剑横.中国科学技术史概述[M].成都：四川省社会科学院出版社，1985.

[11]　波普尔，纪树立.科学知识进化论[M].北京：生活·读书·新知三联书店，1987.

[12]　德尼兹·加亚尔，贝尔纳代特·德尚. 欧洲史[M].海口：海南出版社，2000.

[13]　中共中央，国务院. 国家创新驱动发展战略纲要[M].北京：人民出版社，2016.

[14]　何云峰. 从普遍进化到知识进化：关于进化认识论的研究[M].上海：上海

教育出版社,2001.

[15] 卡洛·M.奇波拉.工业革命前的欧洲社会与经济[M].北京:社会科学文献出版社,2020.

[16] 理查·罗蒂.后哲学文化[M].上海:上海译文出版社,1992.

[17] 李约瑟.中国科学技术史[M].北京:科学出版社,2003.

[18] 林毅夫,苏剑.新结构经济学:反思经济发展和政策的框架[M].北京:北京大学出版社,2012.

[19] 陆南泉.苏联国民经济发展七十年[M].北京:机械工业出版社,1988.

[20] 邱均平,文庭孝,宋艳辉.知识计量学[M].北京:科学出版社,2014.

[21] 齐硕姆.知识论[M].北京:生活·读书·新知三联书店,1988.

[22] 王鸿生.世界科学技术史[M].北京:中国人民大学出版社,2008.

[23] ALEXANDER C,CLAUDIA H. Solving complex problems and TRIZ[J]. Procedia cirp,2016,39:27-32.

[24] BUOV B. TRIZ already 35 years in the Czech Republic[J]. Procedia cirp,2016,39:216-220.

[25] 李伯文. 论科学的"遗传"和"变异"[J].科学学与科学技术管理,1985(10):21-25.

[26] 林毅夫,张鹏飞. 后发优势、技术引进和落后国家的经济增长[J].经济学(季刊),2005,5(1):22.

[27] 张振刚,杨玉玲. 知识资源与创新绩效:网络知识异质性的调节作用[J].科技管理研究,2021,41(21):6.

[28] 赵红军.李约瑟之谜:经济学家应接受旧解还是新解?[J].经济学(季刊),2009,8(4):1615-1646.

[29] 赵红州,蒋国华.知识单元与指数规律[J].科学学与科学技术管理,1984,(9):39-41.

[30] 张震宇. 中国传统制造业中小企业自主创新动力要素及其作用路径研究[D].成都:西南交通大学,2013.

后 记

　　知识链理论想法的产生基于2017年我的导师提出的一个问题："如果将知识管理与区块链思想相结合，会有什么样的反应？"回答该问题一开始的思路是利用区块链技术去解决知识的确权，但是在如此纷繁复杂的知识面前，如果不能解决知识价值的甄别问题，那么付出这么巨大的成本去确权不知道是否有用的知识又有什么意义呢？因此，找到知识价值的判断方法便又成为了首要目标。为了解决这一疑惑，著者曾尝试从不同的角度去寻找答案，但越是进一步探索，越发现这一问题非常棘手。无论是知识管理的手段也好，知识资本的核算方法也好，还是知识工程对知识的构建也好，都无法对知识本身的价值进行衡量，这使得对知识的金融化推进更多是基于信用而非知识的价值。知识的定价与交易研究、知识计量学等，将知识视作一个独立的单元进行评价，但是这并不能给出好的手段与工具来解决知识价值的问题，知识的定价还是完全决定于主观的供需评价，而且这种定价方式会导致陷入"知识悖论"，即一个人无法在掌握该知识的情况下判断知识的价值，但一旦其掌握了该知识，那他自然不用为它付费了。此外，隐性知识作为知识的重要部分，该如何判断其价值？如果这个问题没有办法解决，那么我们根本无法很好地解决实际中遇到的诸多问题。

　　通过各种尝试，我逐渐意识到知识方向方面的研究虽然成果卓著，但始终没有解决一个根本问题，即准确地回答知识到底是什么。这个问题从古希腊时代便困扰人们一直至今，或许是认为知识已经是一个约定俗成的概念，或许认为过份地对知识咬文嚼字没有意义，我们在对知识研究的过程中，便有意或无意地忽略了这一客观问题的存在。一些研究（如知识元理论等）也遇到了一个问题，那便是什么样的知识才是不可分解的最小单元？而当学者们试图将其不断分解为科学定义等元素，却又不得不回答这些小元素究竟是不是知识这一尴尬的问题。由于对知识本身认知的缺乏，制约了我们对一些重要问题的研究。

例如，我们希望通过知识金融的方式解决中小企业融资难的问题，但现状是，如果脱离了信用等其他抵押作为支撑，大规模的知识融资存在极大的风险。由于"知识悖论"的存在，利用市场供需对知识进行定价又存在困难。知识市场中的阿克洛夫模型①问题普遍存在，且难以从根本上解决。而这些问题的根本原因很可能就是因为我们缺少对知识本质的深刻认知，难以把握它的特性，致使无法运用客观工具准确判断知识的价值。越来越多问题的出现表明，必须要重新返回到原点，耐心地对一些基础的东西进行研究，才有可能突破发展的瓶颈，而不是被牢牢地锁住"脖子"。

在这样的需求推动下，我们对知识定义方面的研究进行了大量的考察，并最终提出了知识链理论。当从知识链的角度去解释问题时，可以发现很多看似复杂矛盾的问题从知识链的角度都能获得比较恰当的解释，而很多案例也验证了这个思路可行。基于知识链理论，我们在投资与企业管理方面进行了一些尝试，效果很好。受知识水平与客观实际影响，著者提出的知识链理论远没有达到完美的程度，更多有力的案例验证也亟待补充，希望对此有兴趣的学者能够参与到进一步的研究当中，共同推动该理论向前发展，并为社会实践作出更多贡献。

---

① 阿克洛夫模型以二手车市场为例，指出在信息不对称时，买家因无法分辨车的质量只能按照平均质量出价，这使高质量车卖家退出，市场上车的平均质量下降，买家出价也降低，更多中等质量车卖家又退出，导致市场萎缩。它揭示了信息不对称会造成市场资源配置无效率及"劣币驱逐良币"现象，能解释多个领域的类似问题，是信息经济学和研究市场失灵的重要理论基础。